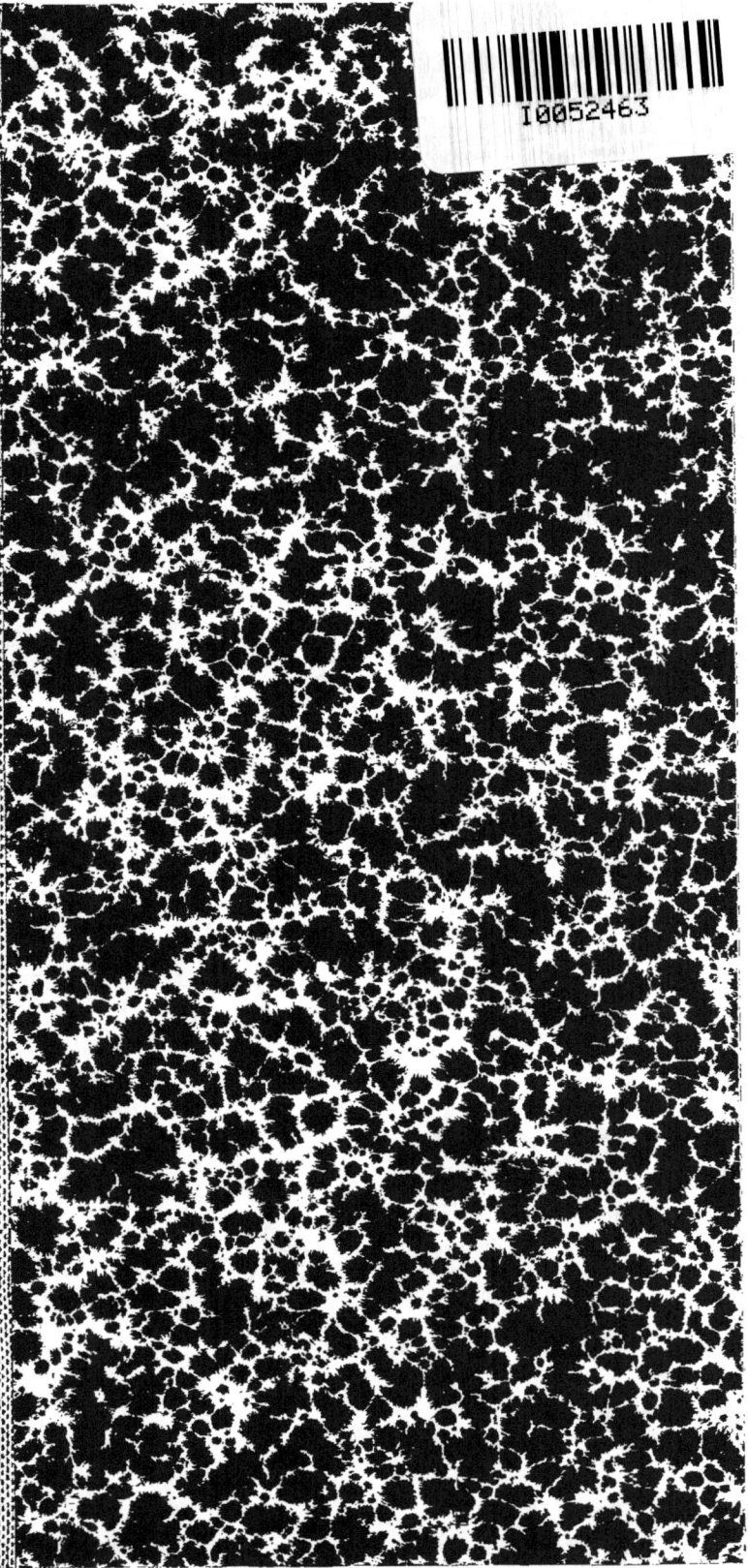

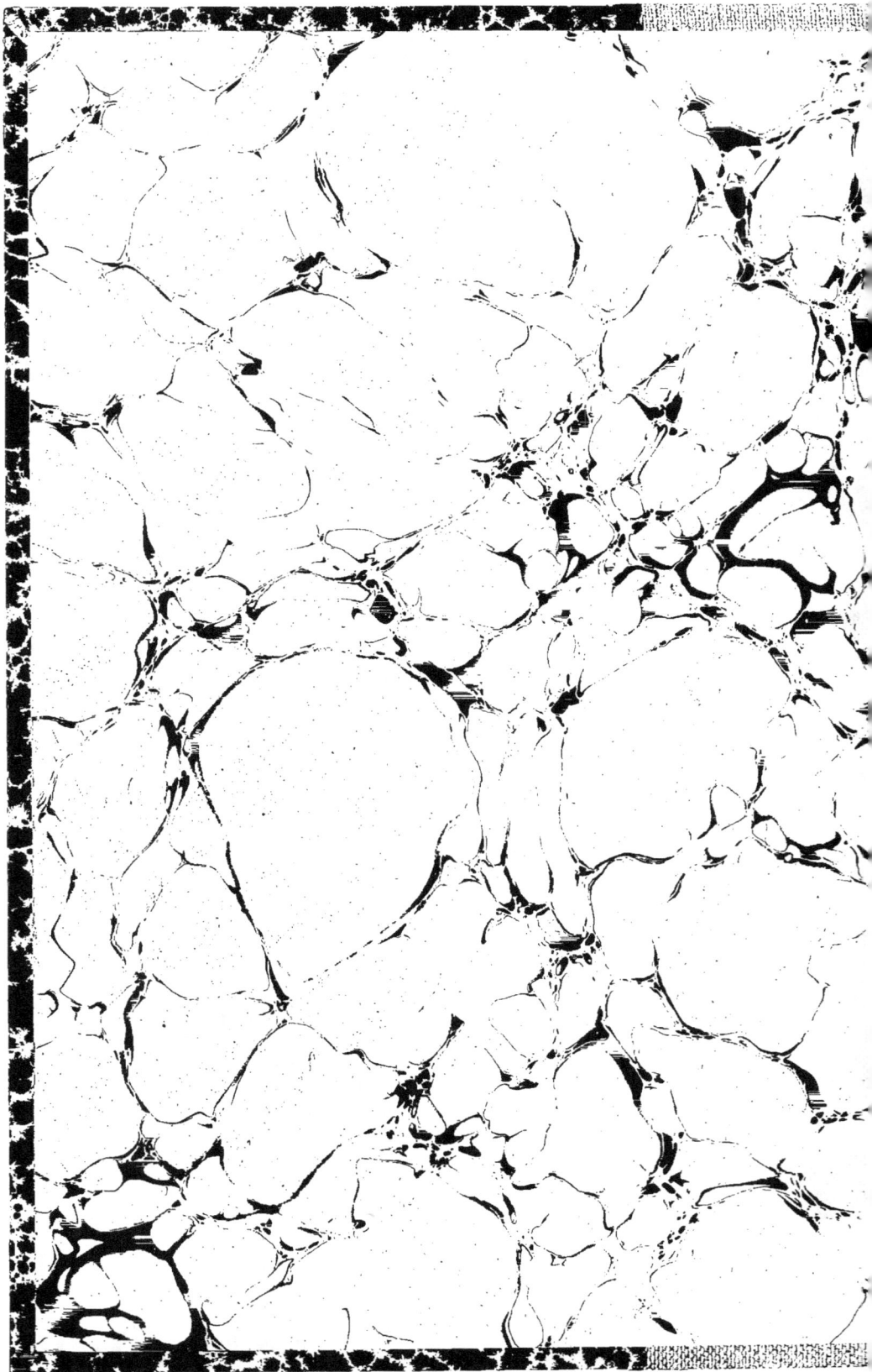

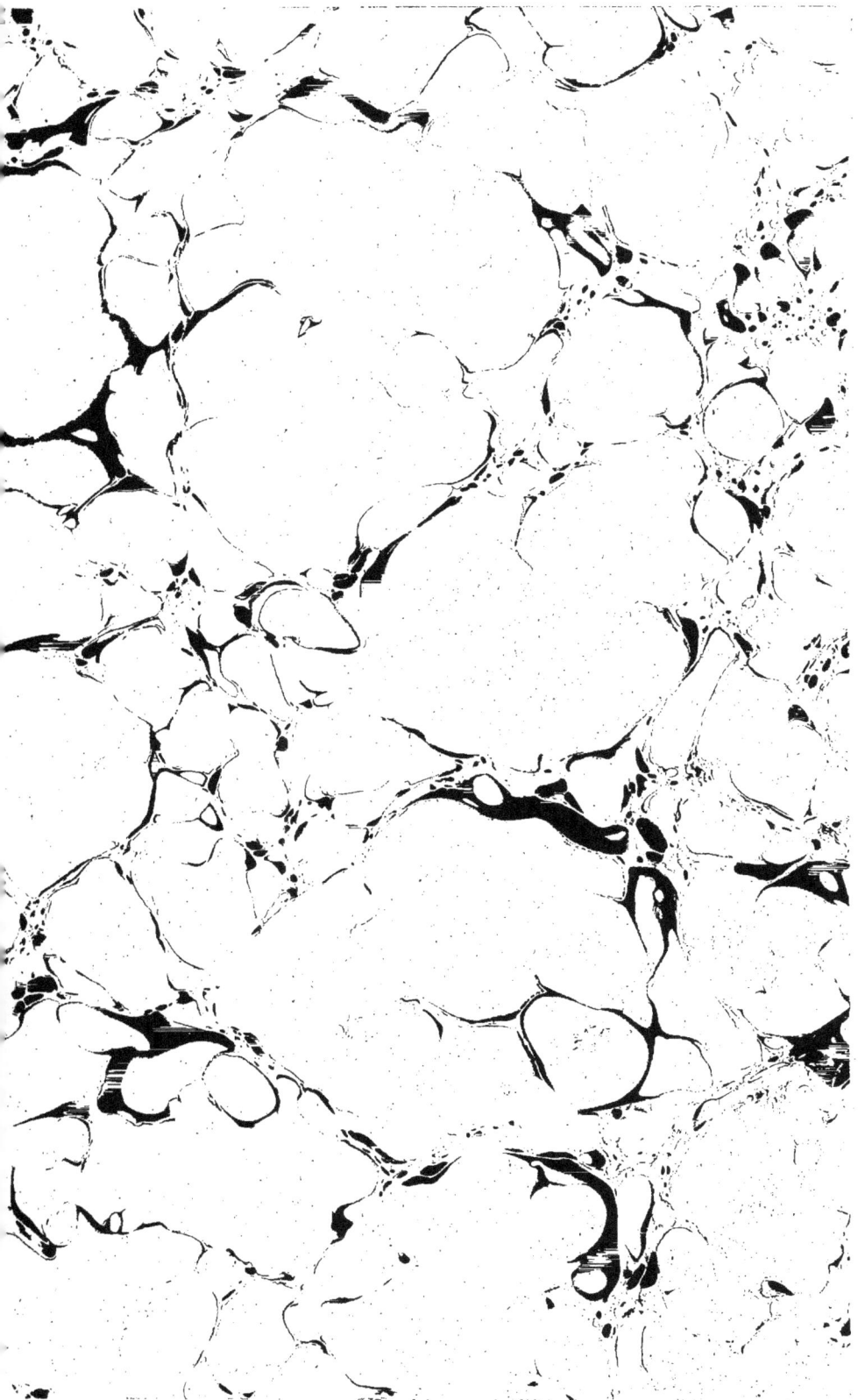

Ed. GASSER

En Bourgogne

La Vigne

MACON

IMPRIMERIE GÉNÉRALE X. PERROUX

—

1905

EN BOURGOGNE

LA VIGNE

INDEX BIBLIOGRAPHIQUE

A. Béchamp. — Leçons sur la fermentation vineuse et sur la fabrication du vin.

A. de Vergnette-Lamotte. — Le Vin.

Abbé Ouvray. — Manuel de vinification.

A. Béchamp. — Origine des êtres organisés.

J. Brun. — Fraudes et maladies des vins.

L. Mathieu. — Ses publications et travaux insérés dans les Revues.

Revue de viticulture.

Pulliat. — La Vigne.

Amblard. — Traité d'OEnologie.

Roy-Chevrier. — Etudes ampélographiques diverses.

Curtel. — Traité pratique des maladies microbiennes et des défauts des vins.

Poirier-Charollois. — Adaptation et choix des porte-greffes.

J. Weinmann. — Manuel-Guide des vignerons, propriétaires et négociants.

Ed. GASSER

En Bourgogne

La Vigne

MACON

IMPRIMERIE GÉNÉRALE X. PERROUX

—

1905

INTRODUCTION

~~~~~~~~~~~~

Appelé par mon genre d'études et mes occupations précédentes, à approfondir la question vinicole plus que la question agricole, à m'attacher au produit plus qu'au producteur, je n'ai d'autre but en publiant cet opuscule, que de mettre à la disposition de mes compatriotes le modeste fruit de mes recherches et études dans le domaine de la viticulture en général.

En matière culturale, la plupart d'entre eux sont au courant des pratiques et travaux viticoles, et, de plus, ont une compétence que je n'ai pas : l'expérience, depuis de longues années déjà, leur a permis d'adapter au genre et à la nature du sol, le cépage préféré.

A Remigny et dans les alentours, les vignerons professionnels, sachant bien cultiver, greffer, bouturer, *faire les vignes*, ne manquent pas. L'expérience est, certes, un des puissants leviers soulevant les difficultés ; pour soigneuse besogne, elle ne suffit pas, hélas !

Pour que le vigneron ou le producteur puisse avantageusement faire valoir ses terres, lutter contre la concurrence, il est nécessaire qu'il fasse de la viticulture intelligemment comprise, qu'il unisse à la pratique, à l'expérience, les données scientifiques, lui permettant ainsi de soutenir une lutte favorable contre tous les maux, fléaux, qui sont venus et viennent journellement encore s'abattre sur la vigne.

Je le répète, mon but est de condenser dans un travail à la portée de tous, travail dégagé autant que possible des formules scientifiques, le fruit de mes études anciennes dans le domaine de la chimie, de l'analyse, études que mes observations pratiques dans ma récente carrière de viticulteur auront pu renforcer.

Je m'estimerais heureux, si, dans la sphère de mes modestes moyens, je pouvais contribuer à l'amélioration des produits de notre vignoble et faire reconquérir à nos vins la réputation si bien méritée, et, pourtant, un peu perdue, depuis les ravages du phylloxéra, des maladies parasitaires autres trop nombreuses, dont les effets se sont traduits par un manque de franchise, de tenue, surtout dans les vins mildiousés et atteints de la casse.

Par une nouvelle reconstitution de la vigne, soit par greffage sur des plants plus résistants, sur des hybrides, arrivera-t-on à reproduire les bons crus de Pinots, de Gamay, d'avant l'invasion phylloxérique, et à recouvrer la haute réputation de la Bourgogne ? La question est, plus que jamais, à l'étude : c'est un problème dont la solution n'est pas trouvée encore. Et pourtant, la palme dans ce tournoi pacifique devrait échoir à la Bourgogne, qui, à elle seule, fournit une série proportionnelle de vins renommés plus grande que les autres contrées viticoles ; pour ne citer que les crus célèbres de la côte dijonnaise s'étendant de Dijon à Santenay, de la côte chalonnaise et beaujolaise s'étendant jusqu'au delà de Villefranche, enfin de l'Yonne ou de la Basse-Bourgogne.

La gamme des vins renommés s'étend longuement de la Basse à la Haute-Bourgogne, sur les crus si réputés d'Auxerre, Tonnerre, cultivés dans le terrain jurassique ; sur ceux de Sens, de Joigny, du terrain crétacé ; enfin ceux d'Irancy, d'Epineuil, d'Avallon, vins colorés, corsés et généreux.

Le triomphe de l'Yonne réside surtout dans la production de ses vins blancs, dont le type le plus célèbre est le vin de Chablis, dominant par sa finesse, son bouquet, ceux de Tanley, Milly, etc.

En Côte-d'Or, proprement dite, la vigne couvre environ trente mille hectares et comprend six régions, savoir : la côte, l'arrière-côte, la plaine, le val de Saône, l'Auxois, le Châtillonnais.

La partie la plus réputée de ces six régions est, sans contredit, celle qui s'étend de Dijon à Santenay. Comme nature du sol, nous devons distinguer la côte de Beaune, avec l'oolithe supérieur et l'oxfordien, la côte de Nuits, avec l'oolithe moyen et le grand oolithe, la côte dijonnaise sur prolongement des deux premières.

1° La côte dijonnaise nous fournit les crus de Chenôves, de Dijon, de Fontaines, etc.

2° La côte de Nuits, produisant les grands vins, s'étend sur les territoires des communes de Fixin, Brochon, Gevrey-Chambertin, Morey, Chambolle, Musigny, Vougeot, Flagey, Vosne, Romanée, Nuits-Saint-Georges, Premeaux, Prissey, Comblanchien, Corgoloin et Serrigny.

3° La côte de Beaune comprend les communes d'Aloxe-Corton, Pernand, Savigny avec ses Vergelesses, Beaune, Pommard avec ses Santenots, Volnay, Monthelie, Auxey, Meursault, Puligny, Montrachet, Chassagne-Montrachet, Morgeot avec ses Mommières produisant un vin à bouquet spécial *sui generis*, enfin Santenay avec ses clos de Tavanne, Gravières, Bussanes, Saint-Jean.

Côte chalonnaise.

La côte chalonnaise qui s'étend de Chagny à Saint-Gengoux fournit les vins rouges ordinaires de Chagny, Chaudenay, Saint-Gilles, Saint-Léger-sur-Dheune et les vins plus fins, plus délicats, bien fruités, de Saint-Désert, de Rosey, Givry, Mellecey, Jambles, Aluze, Buxy, Cheilly et enfin des crus se rapprochant des vins de la Côte-d'Or, en Pinots, dans les plantations argilo-calcaires et silico-calcaires de Dezize-lès-Maranges et Sampigny-lès-Maranges ; sans omettre les vins de Mercurey, ceux blancs (Chardonnet) et rouges de Rully, ceux de Bouzeron.

Vignoble du Mâconnais.

La côte mâconnaise se subdivise en Haut-Mâconnais comprenant les vins de Tournus, de Cluny, et en Mâconnais proprement dit, comprenant les environs de Mâcon même, avec ses vins rouges et blancs de Chardonnay, Viré, Fuissé, Solutré, Pouilly, Thorins (Moulin-à-Vent).

Vignoble du Beaujolais.

Les grands vins du Beaujolais comprennent en partie le territoire de Thorins ; il fournit en totalité les vins de Fleurie, Chénas, Saint-Etienne-la-Varenne, les Brouilly, Morgon, Juliénas, Regnié, Beaujeu. Suivant la nature ou composition du sol, le cépage choisi est le Gamay, ou le Pinot noir.

La réputation de la Bourgogne, comme producteur de vins, est d'ancienne date. Qui de nous, en effet, ignore que dans les temps anciens, la culture de la vigne y était en grand honneur : que cette province constitue et constituait de tout temps, un des plus beaux fleurons vinicoles de la France, et que ses vins ont une renommée aussi ancienne que justifiée ?

Déjà sous l'empereur Probus (vers 281), un édit impérial favorisa la culture de la vigne. Plus tard, les ducs de Bourgogne ne craignirent pas de prendre le titre de « Prince des bons vins » ; enfin, les abbayes, les monastères mirent à honneur la culture de la vigne, et le soin d'assurer la réputation des crus de la Côte-d'Or en particulier et de la Bourgogne en général.

Afin d'établir une classification méthodique, ce petit travail comprendra quatre parties, savoir :

1° Culture, choix des cépages, considérations générales sur le passé, le présent et l'avenir de la vigne ;

2° Soins préliminaires à donner à la vigne, à la récolte : aperçus sur l'exposition, la nature du sol, la climatologie, la météorologie, les maladies cryptogamiques et parasitaires, les remèdes préventifs, curatifs ;

3° Vendange et vinification ;

4° Elevage des vins, soins à leur donner, maladies des vins ; moyens usuels et techniques pour les combattre.

Remigny (par Chagny), 1905.

Ed. G.

CHAPITRE Ier.

Considérations générales sur la vigne, sur sa culture, le choix des cépages, sur le passé, le présent, l'avenir de la vigne. — Aperçus ampélographique[1].

La vigne est une plante vivace, rustique: elle se prête à tous les systèmes de culture, de taille, et trouve, malgré cela, sa vie dans les sols ingrats où mainte culture ne saurait réussir. Pourtant, les coteaux sont ses stations privilégiées, et, suivant le dicton latin, « Bacchus amat colles », elle se plaît davantage dans les lieux élevés, les collines bien exposées, que dans les bas-fonds.

Sa rusticité ne dédaigne pas, toutefois, la culture; les soins culturaux que lui prodigue le vigneron en font foi.

La culture intense poussée à ses dernières limites dans la plaine, souvent jusqu'au bord des cours d'eau et dans les terrains bas, domaine de la betterave, de la pomme de terre, des avoines, des fourrages, constitue une aberration.

Il est notoire que la vigne prospère fort bien dans les coteaux arides et qu'elle y produit les meilleurs vins. Un juste milieu s'impose, à notre époque, dans cette culture : nous savons que grande sécheresse et forte humidité sont des ennemis du phylloxéra, mais que pour produire du vin, il est nécessaire que les racines puissent pomper assez d'eau pour former le jus ; d'un autre côté, que l'excès d'humidité n'atténue pas la production du sucre.

Aussi est-ce dans les terrains à mi-côte que la vigne prospère le mieux, qu'elle fournit ses meilleurs produits. Sa végétation est moins fougueuse que dans la plaine, elle y vit plus longtemps, atteint souvent une longévité remarquable, surtout avant l'invasion du phylloxéra où il n'était pas rare, dans les crus célèbres de la Bourgogne, de l'Alsace, de voir, il y a quelques années encore, dans les propriétés des couvents, des monastères, des souches, en partie régénérées par le provignage, remontant à un siècle. Il me souvient d'avoir vu, en 1875, des vignes plantées par les franciscains, dans le clos célèbre du Rangen, à Thann, remontant, par conséquent, avant la grande Révolution.

Il n'en est plus de même de nos jours : nous sommes amenés à constater que la vigne fléchit après quelques années, qu'elle se meurt, là même où le sous-sol inondé empêche la trop grande prolification de l'insecte destructeur. Disons toutefois de suite, que le phylloxéra se multiplie d'autant moins que le terrain ou sous-sol est plus compact. Aussi a-t-on cherché à le combattre, non sans succès, en inondant les vignes pendant un temps assez long, dix à quinze jours.

Pour obtenir un effet salutaire, il est nécessaire, toutefois, que cette inondation ne soit que momentanée, en d'autres termes, que le terrain ne reste pas saturé, mais au contraire, lentement débarrassé de l'excès d'eau ; sans quoi ce serait tomber de Charybde en Scylla, et favoriser l'éclosion, dans ce milieu humide, d'une foule de maladies micro-organiques.

L'inondation empêche le cheminement de l'insecte ; les sulfures, sulfure de carbone, solution de sulfocarbonate, etc., l'asphyxient. Quelque prolifique qu'il soit, s'il est atteint dans sa vitalité de pondeur souterrain, il meurt sans avoir eu le temps de se servir de sa trompe, de son suçoir replié sous le ventre.

La vigne fléchit ! aveugle qui ne veut le voir !

Aussi sommes-nous menacés de recourir sous peu à de nouvelles plantations, à des reconstitutions nouvelles, soit par des cépages directs, soit par des greffages sur des variétés de vignes plus résistantes, moins sensibles aux atteintes des diverses maladies, oïdium, mildiou, chlorose, sans parler des animaux parasites, et principalement du phylloxéra.

En face de cette grande lutte et de notre impuissance à combattre l'insecte dévastateur, on a fini par se lasser et tourner ses regards vers un mode détourné ; délaissant ainsi l'objectif principal, on a opposé à la voracité du phylloxéra la résistance des vignes du nouveau monde.

Bon gré, mal gré, on s'est décidé à vivre avec cet hôte, à lui octroyer certificat de naturalisation.

La racine des vignes américaines offrant plus de résistance que celle du vinifera, on s'est, et cela non sans un certain succès, jeté sur la greffe, ou pour mieux dire, sur le greffage du vinifera sur plant américain, non sans avoir au préalable essayé de planter, de régénérer la vigne par des directs, comme le faisaient nos pères.

A bien dire, la replantation ou reconstitution a commencé par les cépages sauvages, puis par les hybrides de ces mêmes cépages, et enfin par le greffage sur cépages américains purs, américo-américains et franco-américains.

Les plants directs, qui font depuis quelques années l'objet d'études patientes, d'essais nombreux, soit dans les établissements privés, soit dans des stations viticoles placées sous la surveillance de l'Etat, sont, ou des plants purs américains, ou des hybrides à sang américain et français, obtenus par l'hybridation ou fécondation artificielle ou par semis.

Jusqu'ici la réussite semble quelque peu problématique : dix, douze, quinze années n'ont pas assuré longue vitalité à ces vignes qui fléchissent, et une certaine tendance se manifeste, de nos jours, chez le vigneron, à renoncer à la greffe et à reconstituer à l'ancienne mode par la bouture directe de cépages améliorés.

L'Othello, le Clinton, le Pouzin, l'Herbemont, le Noah, le Jacquez ont chacun et individuellement certaines qualités, comme résistance, comme coloration, comme vinosité ; mais en général ces plants donnent des produits à goût peu apprécié, d'un placement difficile, surtout s'ils n'ont pas été vinifiés scientifiquement, par le sucrage, le défoxage, et même par le mouillage du jus.

Écoutons ce que nous dit dans son rapport inséré dans la *Revue de viticulture*, M. Roy-Chevrier, un maître ès sciences ampélographiques :

« En France, la culture des vignes greffées, après avoir traversé une ère de prospérité, semble destinée à décroître et peut-être à disparaître... Seuls, les crus des grands vins cotés, à marque et bouquet inimitables, pourront, soutenus par leur clientèle de luxe, continuer à greffer, à sulfater et à soufrer. Mais les vins ordinaires, limités, dans leurs prix, par la concurrence frauduleuse des sucreries-viticoles, et par les importations croissantes des pays voisins qui étendent chaque jour leurs plantations, ne pourront supporter longtemps les frais croissants d'une main-d'œuvre de plus en plus exigeante... »

La question ainsi posée, M. Roy-Chevrier conclut, non pas d'une manière affirmative, mais expectative :

« Le salut des vins ordinaires *serait* donc, dans ce cas, dans la culture des hybrides directs et leur vinification favorisée par la détaxe des sucres... Pulliat n'a-t-il pas traité le greffage de procédé transitoire appelé à disparaître devant le retour des anciens modes de culture ! »

Qu'on ne m'accuse donc pas de jeter ici le cri d'alarme !

Les faits sont patents ; la vigne greffée fléchit, non seulement sous l'étreinte permanente du phylloxéra, mais encore sous les effets d'une culture mal appropriée, sur la mauvaise adaptation du porte-greffe dans un sol à composition mal étudiée.

Objections, approbations se heurtant dans une confusion de raisonnements de valeur égale.

Le principal argument (et c'est, certes, le plus sérieux) avancé par les optimistes, est le peu de soin et le manque d'un bon choix, dans le porte-greffe ; surtout à l'époque où, dans l'enfance de l'art, on avait recours à n'importe quel cépage étranger.

L'occasion, le rameau tendre et quelque diable aidant, maint fournisseur de bois étranger ou indigène, par esprit de lucre, a pu écouler des stocks sans valeur, des bois, en un mot, d'une molle résistance aux diverses maladies, et en particulier au tout petit, mais pourtant terrible ennemi, le phylloxéra, dont les bataillons serrés mettront rapidement à mal et à trépas le plant mal adapté.

Un choix judicieux de porte-greffes, l'étude de son adaptation au sol, sa résistance à la chlorose, aux maladies diverses, tels sont les facteurs qui, par leur emploi judicieux, doivent nous permettre d'espérer en une reconstitution salutaire du vignoble.

Acceptons-en l'augure. Le bien n'arrive jamais trop tôt !

En attendant, les champs d'expérience placés soit sous la direction administrative, soit sous l'initiative privée, nous ont fourni tant de renseignements précieux sur le choix des cépages, leur valeur en tant comme porte-greffes que directs, leur résistance aux maladies diverses, leur adaptation à la greffe, que nous pouvons conjecturer plus favorablement de cette reconstitution nouvelle qui s'impose et s'imposera, forcément, là où la vigne fléchit.

En Bourgogne, où, en général, le sol est facile, le terrain léger, le porte-greffe par excellence est le Riparia Gloire. Ses qualités sont nombreuses en comparaison de ses défauts. C'est ainsi qu'il offre peu de résistance à la chlorose, au phylloxéra, au mildiou ; en somme, tant qu'on n'aura pas découvert un cépage direct ou hybridé et qu'on devra recourir à la greffe, le Riparia restera le préféré pour les terrains argilo-calcaires où cet élément chaux ne dépasse pas 25 %.

Le Solonis est plus calciphile, supporte mieux les doses élevées de calcaire, partant se chlorose moins dans les années humides, mais il offre moins de résistance au phylloxéra. Ce cépage, dont on avait dit merveille, est de plus en plus abandonné en Bourgogne, perdant le prestige qu'il avait acquis, en commun avec le Riparia, par son emploi de porte-greffe des plants divers, tels que Pinots noir fin ou Noirien, Gros Pinot de Pernand, Pinots blancs de Montrachet, de Chardonnay, sur les plants demi-fins tels que l'Aligoté, ou Gibondot, ou plant gris, jusqu'aux cépages ordinaires rouges et blancs, des Gamays vrais à jus blanc, du Gamay de Bourgogne proprement dit, dont l'aire s'étend un peu partout, dans la côte, l'arrière-côte, le Chalonnais, le Mâconnais, le Beaujolais presqu'en totalité, enfin aux cépages blancs communs, le Melon, aux cépages rouges, ou Gamay à jus rouge avec ses variétés, Fréaut teinturier, plant rouge de Chaudenay, Mourot de la côte de Givry, de Saint-Désert.

Cette série de Gamay à jus rouge est assez intéressante pour que nous en disions quelques mots et réservions quelques éloges à l'un de ces plants, sélectionné, amélioré, le Mourot qui fournit un vin haut en couleur, d'une saveur franche, d'un goût moins acerbe que celui de ses ancêtres, les Fréauts teinturiers et plants rouges de Chaudenay.

Ce court éloge d'un Gamay à jus rouge, n'implique en rien notre estime pour le Gamay à jus blanc, le vrai gamay de Bourgogne, qu'il ait nom de Bewy, d'Arcenant, ce cépage par excellence, qui a fait la gloire de notre vignoble, gloire ternie, hélas! dans ces derniers temps, par l'introduction dans nos plantations d'une foule d'intrus, indignes d'hospitalité, témoin les plants communs de gamay à jus rouge qui envahissent la plaine, nous donnent des vins hauts en couleur, forts en acidité, faibles en alcool, mauvais en goût, méritant à juste titre le surnom « de vin à trois patients », savoir : l'homme qui tient le patient, celui qui lui verse de force et le malheureux qui avale.

La Bourgogne est la vraie patrie du Pinot fin et du Gamay à jus blanc ; c'est au produit de ces deux cépages principalement qu'elle doit sa renommée, tant pour ses vins fins de la côte dijonnaise que ses vins légers, fruités du Beaujolais et ses vins bouquetés rouges et blancs de la Basse-Bourgogne, les Chablis, les Yrancy, etc.

Si le Gamay est assez répandu, en dehors de la Bourgogne, dans le Bourbonnais, le Lyonnais, il est, par contre, à peu près inconnu dans le centre et l'ouest de la France, où il est remplacé par la variété dit Côt, un des cépages les plus répandus du vignoble français.

Les vins les plus renommés sont, du reste, fournis par des cépages abondants, mais peu nombreux.

En Bourgogne les Pinots tiennent la tête ; ailleurs arrivent bons premiers, à Bordeaux, le Cabernet-Souvignon, le Semillon ; à l'Ermitage le Sirah. Ces cépages ont leur valeur individuelle et locale ; transportés de la Gironde en Bourgogne, par exemple, ils ne donnent plus les mêmes résultats.

C'est la condamnation du système outrecuidant de vouloir produire des vins de Bourgogne ou autres, en Russie, en Algérie, en Tunisie, en dehors de leur zone d'affection et d'adaptation. La vigne, véritable Protée, modifie ses productions avec le climat sous lequel elle vit. Là, telle variété donne d'excellents produits, ailleurs ne donne que des déceptions.

Revenons à nos moutons... à nos vignes de Bourgogne pour constater, avec douleur, combien le goût des consommateurs s'est modifié, à l'égard de nos crus, depuis que le commerce a su lui offrir un vin type, toujours identique, grâce à de savants mélanges, où la coloration joue le rôle principal.

Aussi les exigences du consommateur ne s'accordent-elles pas toujours avec les livraisons du propriétaire ; la modeste parure rouge de ses vins, pur jus de Bourgogne, peu hauts en couleur malgré toute bonne vinification, ne réjouit ni son palais ni ses yeux.

Hélas ! trois fois hélas ! la couleur ne fait pas le vin, tout comme l'habit ne fait pas le moine.

La coloration peut ne pas exclure la qualité, mais elle peut en être indépendante.

L'intensité de couleur ne saurait jamais constituer une pierre de touche. Des vendanges mal faites, dans les années pluvieuses, des raisins mildiousés ou atteints de pourriture donneront un vin moins riche en couleur ; le fait est certain, mais de là à comprendre dans une réprobation générale tout vin peu foncé, il y a de la marge. Et cependant, ce jugement téméraire se fait jour, dans nos petits centres viticoles même alors qu'on voit maint vigneron ébaucher un petit sourire de mépris, à la vue d'un vin franc de goût, fût-il des meilleurs, dépourvu de couleur intense.

Aussi que voyons-nous ?

Le producteur, forcé par le grand commerce, le consommateur, de livrer à bon marché des vins hauts en couleur, n'a pas tardé à s'apercevoir que, là est le salut, là, où est la couleur.

C'est donc par exigence et par nécessité que la Bourgogne (les vins du Beaujolais ont pourtant trouvé grâce jusqu'ici), s'est mise à la culture des cépages à jus très colorés ou à pellicules très chargées de matière colorante, d'œnocyanine, principe colorant qui se développe, pendant le cuvage, sous l'action des acides et pendant l'entonnage sous l'action combinée des constituants du vin et de l'alcool.

Cette matière colorante du vin est peu soluble dans l'eau, pas n'est besoin de l'enseignement de la chimie à ce sujet ; il suffit de se rappeler qu'un vase vinaire, fût, sapine, broc, frotté, brossé, lavé, n'est pas indemne lorsqu'il doit servir à du vin blanc, qui ne tarde pas à rougir au premier emploi.

Sans abandonner totalement le noble Gamay, le vigneron s'est vu dans l'obligation d'assurer à une partie de ses terres les plantations des Gamays à jus rouge, tels que :

1º Le Gamay teinturier, de Bouze, qui était le seul connu en 1836, et cultivé depuis quelques années, dans le Chalonnais, sous le nom de Mourot ;

2º Le Gamay teinturier, ou plant rouge, de Chaudenay, déjà observé en 1836, en grande vogue actuellement, non par sa qualité, sa teneur en alcool, mais par sa haute couleur, son bas prix ; le vin de ce cépage très productif et assez résistant aux fortes gelées, très vivace, ne marque en moyenne que 5 à 6 0/0 d'alcool ; de plus, il est vert, acerbe, sans finesse. En somme, c'est un plan indigne de notre Bourgogne ; aussi est-ce le cas de dire : Autres temps, autres vins ; à cette heure, nécessité oblige : autrefois noblesse obligeait ;

3º Le Grand Teinturier de Barbentat, originaire des environs de Dijon ;

4º Le Fréaut ordinaire, cultivé dès 1840, qui produit un joli vin, coloré, propre aux coupages, mais à goût âpre, astringent *sui generis*;

5° Le Grand Teinturier supérieur, qui tend à se propager dans la Côte, et qui constitue un cépage fertile, donnant un vin très coloré, d'assez bonne qualité.

A ces cépages, s'ajoutent les plantations restreintes des othellos qui n'ont d'autre mérite que de fournir de la couleur, de l'abondance, d'avoir servi, à un moment donné, de terme de transition. Assez résistant au mildiou, il ne l'est guère à l'oïdium et ne supporte pas les soufrages, et moins encore au phylloxéra qui pond avec une certaine prédilection sur les feuilles de ce cépage parfois surchargé de galles phylloxériques.

Celles du Pouzin, variété de Clinton améliorée par semis, plant rustique, vrai sauvage ébouriffé, produisant un vin très coloré, alcoolique, mais à goût détestable, rappelant plutôt la parfumerie rance, le laboratoire de drogues, que le bouquet cher aux disciples de Bacchus.

Nous ne parlerons pas d'un cépage, à peu près inconnu en Bourgogne, donnant un vin très coloré, neutre, avec une gamme de couleurs, variant, suivant la vinification, de celle de l'encre violette, bleu foncé à celle du pourpre foncé; nous voulons parler du Jacquez, plant hybridé, cultivé particulièrement dans les grands centres viticoles du Var. Lancé sur la voie fatale de la production à grand jet et à bon marché, le viticulteur bourguignon se verra forcé, sous peu, d'avoir recours, soit comme plants directs, soit comme plants greffés, de remplacer nos vinifera qui périclitent, par des cépages mixtes, par des hybrides à sang français et sang américain, réunissant les qualités de finesse et de résistance; problème, hélas! difficile à résoudre, malgré tous les efforts faits par la science ampélographique actuelle.

Les hybrides sont de deux genres principaux :

Hybrides américo-américains.

Hybrides franco-américains.

Pour la clarté du sujet et pour remonter à l'origine de la question, rappelons-nous que les cépages dont nous nous sommes occupé et dont nous nous occupons dans ce petit travail, peuvent se subdiviser en quatre catégories:

1° Les cépages européens, appartenant au type français du vitis vinifera ;

2° Les cépages américains, ou espèces pures, soit cultivées ou sauvages;

3° Les hybrides américo-américains ;

4° Les hybrides franco-américains.

L'utilisation des cépages étrangers, en Bourgogne, est contemporaine de l'invasion du phylloxéra.

Chacun de nous sait au prix de quels sacrifices, de quels labeurs, notre vignoble a été reconstitué par des plants étrangers directs ou par le greffage de nos races françaises sur ces plants américains.

Ces plants américains eurent, au principe, une vogue, un succès, qui dura un peu plus que ne durent les roses ; comme cycle de durée, de culture, ce ne fut pourtant qu'un feu de paille ! La greffe surgit. Le vignoble détruit par le phylloxéra renaquit, la confiance revint, elle se maintint pendant quelques années, à l'aspect des coteaux verdoyants estompant les terrains dénudés d'alors, et dans la greffe on vit le salut de la vigne.

Chimériques illusions ! qui s'envolent au fur et à mesure que nous voyons les maladies sans nombre s'abattre sur la vigne, pour la reconstitution de laquelle le bourguignon n'a pas hésité de consacrer son labeur, son argent, qu'il a sué sang et eau, pour défoncer, fouiller le sol avec une ardeur inconnue jusqu'à ce moment.

Rien ne peut donner une idée plus juste de ce fait, que de citer les écrits d'éminents ampélographes, des Couanon, des P. Gervais, des Roy-Chevrier, etc.

Il n'y a aucun doute, la crise phylloxérique a été le point de départ d'un bouleversement profond dans la viticulture française : elle a amené une modification dans les pratiques usuelles ; de mémoire d'homme, l'on ne se souvient d'avoir vu le trident et la pioche remuer si profondément le sol, de l'avoir assaini, de l'avoir rendu apte, propice, à recevoir les nouvelles plantations, soit en plants directs d'abord, soit en greffes ensuite.

C'est à ce moment qu'apparurent une foule de plants américains qui ne durèrent « que l'espace d'un matin », plants à noms plus ou moins mythologiques, poétiques, pour ne laisser subsister que quelques représentants plus corrects, tels que l'Othello, les divers Clinton, les Pouzin, les Noah, variétés sauvages ou améliorées par semis, conservées au milieu du déluge prodigieux qui s'était abattu sur l'Europe.

Qu'arriva-t-il ? Le vigneron subit le contre-coup de ce mirage et, appliquant la parole de l'Evangile, arracha tous ces mauvais plants, ne faisant grâce qu'à ces quelques innocents cités plus haut, qui n'en pouvaient mais ! Qu'en dire plus ? Cueille-t-on des raisins sur des épines ou des figues sur des ronces ?... Tout arbre qui ne produit point de bons fruits sera coupé et jeté au feu.

Ainsi fut fait. L'ère des greffes sur bois américain apparaît et, digne d'un meilleur sort, elle se lance dans la voie de l'imprévu ; elle opère, sans sélection, à l'aveugle, sur les cépages que le commerce et le lucre lui offrent, sous des qualités mirifiques ; l'embarras du choix ne peut qu'augmenter sa perplexité, en présence de toutes ces variétés, ces bois à greffe, américains, américo-américains, franco-américains. Dans ce nombre, figurent des cépages de valeur, obtenus par hybridation, par fécondation artificielle analogue au travail de l'abeille qui, en butinant, transporte d'une fleur à l'autre le pollen fécondant ; enfin par des semis savamment étudiés.

A l'aurore de l'apparition de ces hybrides, de leurs dérivés comme plants directs, que devons-nous espérer ? L'avenir, seul, nous dira ce que la science, les recherches patientes, nous donneront, pour assurer le salut. L'attente d'un nouveau Messie, d'un régénérateur du vignoble, qu'il soit direct ou greffé, qu'il soit le produit d'un croisement français ou américain, nous tient fort à cœur et serait le bienvenu.

La barque de nos espérances roule toujours sur des flots bien agités et jusqu'ici nous n'avons encore pu atteindre la branche de salut, ni apercevoir le rameau sauveur : car rien jusqu'ici ne justifie l'engouement pour les cépages directs, sur lesquels on avait fondé de grandes espérances. Que voyons-nous, en effet ?

Les producteurs directs, sauvages, francs de pied, à variétés américaines, donnent en général un vin peu appréciable, surtout comme bouquet et finesse.

Partant du principe suivi par les pomologistes, les pépiniéristes ont eu l'idée de se servir de ces cépages comme porte-greffes, et c'est ainsi qu'on s'adressa aux Riparia, aux Rupestris, Solonis, Vialla, Jacquez, Herbemont, eux-mêmes producteurs directs ou hybrides ; sans compter les Berlandieri qui semblent appelés à un grand succès, le jour où la greffe bien adaptée donnera moins de mécomptes.

Quel est le but de l'hybridation de ces divers cépages ? C'est de trouver un plant suffisamment résistant à toutes les maladies parasitaires ou mycodermiques, ayant assez de sang français pour ne pas perdre la finesse ainsi que les qualités du vinifera, et posséder les qualités de résistance des plants exotiques : en un mot, réunissant les qualités de leurs générateurs, en premier lieu la résistance au phylloxéra, et la finesse, la fertilité des cépages français.

Au sujet de l'obtention de ces hybrides, nous ne saurions dire en deux mots, dans notre incompétence, que l'hybridation et la production variée s'obtient par le transport artificiel du pollen sur le stigmate d'un autre sujet, et que de cette fructification artificielle on arrive (1, par semis des pépins (1, à obtenir des variétés, des croisements remplis de surprises et d'aléas.

La liste de ces cépages hybridés est fort longue ; nous en citerons les principaux et surtout les plus méritants d'entre eux :

(1) A l'époque de la parfaite maturité des grappes, on écrase dans un linge les grains de la variété qu'on veut obtenir. On presse fortement pour extraire le suc, on prend le marc que l'on sème immédiatement en caisse, en planche, dans une terre douce, riche ; le semis sera recouvert d'une faible couche de sable.

2

Riparia Gloire de Montpellier ;

Rupestris×Lot, très recommandé ;

Riparia×Rupestris, très recommandé, 101, 114 ;

Aramon×Rupestris Ganzin, 1, hybride franco-américain dérivant de l'Aramon du Languedoc et du Rupestris américain ;

Solonis×Riparia ;

Mourvèdre×Rupestris 1202, franco-américain, robuste et très recommandé comme plant vigoureux ;

Riparia Gloire×Berlandieri, hybride multiple ;

Chasselas×Berlianderi, 41, B ;

Rupestris×Berlianderi. 319, 201, A ;

Rupestris×Monticola qui n'est qu'une variété du Rupestris du Lot ;

Solonis×Rupestris ;

Cabernet×Rupestris ;

Aramon×Rupestris n° 2, cépage de valeur également moins recommandable cependant que le n° 1, qui est très fructifère et résistant à la chlorose, en raison de sa teneur plus grande en sang français.

Si les Riparia, les Solonis se sont bien accommodés des terrains de la Bourgogne, peu calcaires, avec une moyenne de 20 0/0, dans ces terrains *faciles*, légers, il n'en a pas été de même dans ceux plus calcarifères.

Rachitiques, chlorotiques, ces cépages donnent lieu à des déceptions, tangibles, visibles ; elles semblent, par leur aspect attristant protester contre l'habitat imposé et regretter le sol de leur patrie, l'Amérique.

La jeunesse, la culture récente, la fumure, aidant, tout sembla pour le mieux dans la replantation nouvelle ; le fléchissement vint, un beau jour, mettre une sourdine à notre enthousiasme, nous faisant apercevoir, dans maints endroits, disséminés dans la verte plantation, des ceps affaiblis, chlorotiques, subissant ou ayant subi les atteintes meurtrières du mildiou, de l'oïdium, des rots plus ou moins noirs, du phylloxéra.

Un moment de découragement apparaît ; on hésite à employer la greffe, on s'adresse, pour régénérer notre vignoble, à des hybrides, qu'on emploiera, comme le faisaient nos pères, directs, sans greffage.

Les producteurs de ces hybrides, de ces plants devant servir de *directs*, se sont mis à l'œuvre ; la science, l'expérience aidant, ils sont parvenus à des résultats sinon parfaits, du moins très encourageants.

Ces hybrides, directs, remplaceront-ils (en Bourgogne, bien entendu) nos Gamays, nos Pinots ? Jamais ! Ils ne nous donneront que ce qu'ils peuvent, à savoir, un vin de qualité marchande, sans doute, mais qui ne saurait s'accommoder que lentement à nos palais.

Dans un chapitre suivant, nous essayerons de fournir quelques renseignements sur la valeur de ces vins produits par les Directs, peu employés encore en Bourgogne.

L'idéal, serait de substituer à notre Vinifera, un cépage ayant ses qualités de finesse, en même temps que la résistance du plant exotique ! A cette heure-là, nous verrions reluire les beaux jours de jadis, ces heureux moments où il suffisait de ficher en terre un bout de sarment pour obtenir un cep productif, sain, dispensé par le fait de tous les traitements onéreux imposés de nos jours. Où trouver ce cépage idéal ! C'est, espérons-le encore tout en désespérant, que les essais, les efforts de la science expérimentale des pépiniéristes, nous donneront un jour la solution tant désirée, et que, si la greffe doit disparaître, le salut résidera dans les hybrides américo-américains et particulièrement dans les francs américains hybridés à demi ou à quart de sang.

A cette heure, trois cépages semblent prédominer, savoir : les Riparia, les Rupestris, les Berlandieri, et tenir la tête de la longue série des plants offrant certains mérites.

Parmi les américo-américains, signalons comme plant de première résistance aux maladies, le Riparia×Rupestris ; comme porte-greffe franco-américain, le Riparia Gloire, assez résistant au phylloxéra, qui, par greffage, est très fructifère, et réussit très bien dans les sols faciles, meubles, pas trop calcaires, sensibles à la chlorose et assez exigeant sous le rapport de la fumure.

Dans les croisements des Rupestris, on cote au premier rang le Rupestris du Lot, puis le Mourvèdre×Rupestris 1202, l'Aramon× Rupestris, l'Auxerrois×Rupestris×Malbec ou Col dénommé l'Oiseau Bleu, ou son congénère, son Sosie, l'Auxerrois×Rupestris Pardes ou encore de Combes.

Dans cette joute pacifique, ces trois principaux hybrides se disputent la palme comme porte-greffes et aussi comme producteurs directs, comme sauveurs de la viticulture française, fournissant un vin délicat, coloré, un raisin à maturité précoce, en un mot, un cépage résistant, à bouturage et greffage plus faciles que les Berlandieri, cépages appelés à un grand avenir et qui sont en ce moment l'objet d'études et d'expérimentations minutieuses.

Sans détourner nos regards de ce cépage idéal, de ce sauveur qui doit surgir un jour des limbes de l'expérimentation, ne craignons pas de dire que ces hybrides, directs ou greffés, à sang mixte, qu'ils soient quarterons, octavons, ne sauront jamais remplacer, en Bourgogne, les Gamays et moins encore les Pinots.

Ces cépages, avec le temps, acquerront le goût du terroir, *ils se franciseront, ils se bourgogniseront* (pardon de ce barbarisme) si vous voulez, mais ne sauront jamais rivaliser avec leurs prédécesseurs.

L'indifférence, dans cette grave question de reconstitution, n'est pas de saison ; c'est un fait avéré, la vigne actuelle fléchit ; c'est se leurrer que de ne pas admettre ce fléchissement et la nécessité d'un renouvellement de notre vignoble bourguignon sur des bases plus solides, sur des cépages francs, sauvages, hybridés, greffés, sélectionnés, peu importe, pourvu que ce fait s'accomplisse lentement, sûrement, sans s'emballer.

Que ce cri d'alarme paraisse intempestif, trop anticipé, nous l'admettons; notre faible compétence peut, en ce cas, être suspectée. *Errare humanum est!* L'homme se trompe; le vrai surgit quand même.

Les années qui suivirent la greffe, en Bourgogne, n'étaient pas des plus heureuses. Vint la récolte de 1898!

Vigoureux, bien constitués, ces vins mis en bouteilles ne cèdent pas le pas à ceux des vignes anciennes; il est à remarquer qu'en 1898 la quantité n'égalait pas la qualité.

En principe, ces deux rapports sont en raison inverse.

Si dans les premiers temps de la greffe la qualité laissait à désirer, c'est que la quantité était arrivée à un taux exagéré, à une proportion quadruple : le fait est incontesté, que les anciennes vignes, en Pinots principalement, fournissaient un quartaut seulement à l'ouvrée.

La vigne greffée doublant, quadruplant même le rendement au détriment de la qualité, il est facile d'en déduire les conséquences.

Peu à peu la vigne greffée (si messire Phylloxéra le veut bien) restreindra son exubérance de jeunesse, prendra le goût du terroir, se chargera de ces germes locaux, spéciaux à chaque région, qui, lors de la fermentation de la vinification, transforment le sucre en alcool, réagissent sur les composés acides en les transformant, à leur tour, en éthers composés, bases du bouquet.

La greffe constitue-t-elle une mésalliance ou une heureuse régénérescence ? Les avis sont partagés et longtemps encore la question sera discutée.

Les seize quartiers de noblesse exigés jadis pour la chevalerie, n'ont que faire ici dans cette mésalliance de deux sangs.

Dire, *à priori*, que les vins des anciennes vignes non greffées étaient supérieurs à ceux de nos jours, est chose facile ; vouloir prouver le contraire, c'est nous mettre en demeure de dire que la culture de la vigne n'est plus ce qu'elle était autrefois ; cette culture ne comporte plus le travail réglé, calculé, prévu de jadis, abstraction faite des fléaux naturels, gelées, grêle, etc., etc. ; elle constitue une lutte perpétuelle, une vraie débauche de temps, d'argent, dans les combats qu'elle doit soutenir contre les invasions morbides, inconnues à nos pères, telles que l'oïdium, le mildew, les rots bruns, gris, noirs, la pourriture grise et le phylloxéra. Les sulfurages, les sulfatages, les soufrages, les lysolages n'étaient pas employés ni imposés: la lutte contre les maladies fort anciennes était restreinte à des périodes transitoires, à la destruction des animaux et végétaux parasitaires, tels que la cochylis, l'altise, l'anthracnose, etc., etc. Tous ces fléaux étaient de nature à anéantir momentanément une partie de la récolte, à compromettre la qualité, mais ils ne détruisaient pas le cep dans son essence même.

En attendant la venue de ce Messie sauveur, régénérateur de notre vignoble, énumérons rapidement les cépages anciens conservés, les nouveaux introduits, depuis l'arrachage de la vigne.

Cépages anciens, cépages nouveaux, directs, hybridés, greffés.

Les cépages anciens, blancs, conservés par greffage sur Riparia Gloire, sur Aramon×Rupestris, sur Gamay×Couderc, sur Rupestris du Lot, sur Solonis et sur Mourvèdre×Rupestris, sur Riparia×Rupestris, sont :

Le Plant gris, ou Giboudot blanc, Chaudenay gras, Troyen blanc.

Le Chardonnay, ou Chardonnet; synonymes : Pinot blanc, Gamay blanc, Noirien blanc, Plant de Tonnerre, Morillon blanc, Auxerrois blanc, Beaunois.

Le Sacy de l'Yonne.

Les Chasselas : Chasselas de Fontainebleau, Chasselas doré, Chasselas rose en treilles.

La Madeleine blanche ou Précoce d'Alsace, de Kientzheim ; le Savignien blanc ou Traminer d'Alsace, qui a pour synonymes : Gentil rose du Jura, Gentil noble d'Alsace (produisant les grands ordinaires de Ribeauvillé).

Le Précoce de Malingre, cépage de première maturité, obtenu vers 1840, par semis, le Précoce de Saumur ou Précoce de Courtiller, tous deux cultivés, sur une petite échelle encore, pour la table.

Cépages noirs fins.

Pinot noir fin de Bourgogne, ou Noirien, Morillon noir, Franc Pinot, Savignien ; ce cépage est sujet à variation, et produit, isolément ou sur la même souche, des raisins à teinte moins intense, d'où le nom de Beurot, Pinot grison ou Pinot enfumé.

Pinot de Pernand ou Gros Pinot, cépage moins estimé que le précédent.

Cépages ordinaires

Gamay noir à jus blanc du Moulin Moine.
Gamay de Bewy.
Gamay d'Arcenant.
Gamay d'Ormoy, ou hâtif des Vosges.

Gamay du Beaujolais, appelé indifféremment Petit ou Gros Bourguignon noir.

Gamay à jus noir dit Teinturier, dont il existe de nombreuses variétés :

Petit Mourot, ou Rouge de Bouze, originaire, sans doute, de Bouze (Côte-d'Or);

Plant rouge de Chaudenay, ou Barbentane, Gamay, Fréau, ou Mourot tout court. Ce cépage est fort estimé et cultivé dans la côte de Givry, à Rosey, Saint-Désert, ou dans le sol grésique ; il fournit un vin riche, alcoolique, fruité. Maturité précoce, de quinze jours.

Le Portugais bleu est plutôt un raisin de table que de cave, qui se plaît dans les terrains argilo-calcaires des environs de Saint-Désert, mais en culture fort restreinte; le vin manque d'acidité, de tannin, et devient facilement sujet à la casse, à la graisse, à la tourne, maladies qui ont toutes, pour point de départ, l'évolution en bactéries de ferments nocifs.

Signalons quelques plantations d'un cépage presque spécial au Jura, le Poulsard blanc ou rosé, à bouquet musqué rappelant le muscat d'Alsace.

A-t-on, dans le principe surtout, apporté un choix judicieux à la sélection des porte-greffes? Nous estimons que non, en voyant les nombreuses déceptions surgir d'un choix aussi malheureux qu'inconscient.

L'expérience, les années, ont assagi la viticulture; elles ont provoqué un triage parmi cette série de porte-greffes sur la valeur desquels nous devons fixer notre attention.

Le Riparia Gloire pour les sols peu calcaires.

Le Solonis×Riparia convient aussi au sol peu calcaire.

Aux terrains calcaires et compacts conviennent :

Le Riparia×Rupestris ;

Le Rupestris du Lot ;

L'Aramon×Rupestris, n° 1, Ganzin ;

Le Mourvèdre×Rupestris, 1202, hybride franco-américain, de la Clairette noire, ou du Mourvèdre de Provence.

Ces cépages, ainsi que le Solonis×Riparia, conviennent aux terrains humides; le Riparia×Rupestris, le Rupestris du Lot, préfèrent, par contre, les terrains secs.

On délaisse beaucoup le Solonis, à cause de sa faible résistance au phylloxéra; introduit un des premiers, il est à la tête des exilés condamnés à disparaître.

Un cépage sauvage sur lequel on fonde beaucoup d'espérance, c'est le Berlandieri, originaire du Texas, espèce sans valeur pour la vinification (défaut qu'il partage, du reste, avec le Solonis et le Riparia, qui ne produisent que des semblants de raisins immangeables), mais pouvant, par hybridation, fournir un porte-greffe de grande valeur.

Calciphile, il s'accommode des terrains calcaires, des sols crayeux, et communique au greffon les plus hautes qualités vinifères. Peu difficile pour la nature du sol, il a des racines grosses, charnues, qui se rapprochent de notre vinifera. Son défaut est d'être rebelle au bouturage et de mûrir tardivement. On est parvenu à écarter ces défauts par l'hybridation, ou du moins à les éviter en grande partie.

Les vinifera×Berlandieri hybride, franco-américain, les Berlandieri×Riparia, les Rupestris×Berlandieri américo-américains, s'accommodent fort bien des terrains calcaires, crayeux même.

Le Chasselas×Berlandieri donne une bonne réussite à la greffe et constitue du bon cépage ; enfin, le Cabernet×Berlandieri, le Malbec×Berlandieri ont également leur valeur.

En résumé, les Franco×Berlandieri sont des porte-greffes qui possèdent au plus haut degré la faculté d'assurer aux greffons qu'ils portent, une abondante fructification ; la reprise au greffage laisse parfois à désirer.

Dans une récente communication, M. Roy-Chevrier appelle notre attention sur les Riparia×Berlandieri, qui sont, à l'égal des Riparia×Rupestris, des porte-greffes améliorateurs, destinés aux vins fins, offrant des qualités sérieuses de résistance au phylloxéra et à la chlorose.

Ces américo-américains sont appelés à rendre de grands services, à concurrencer, sinon à détrôner, les Hybrides Seibel, l'Auxerrois×Rupestris, franco-américain du Cot, ou Malbeck, ou Auxerrois de la Touraine, le Gamay-Couderc, hybride, obtenu par le croisement du Colombeau et du Rupestris, cépage à qui Couderc a donné son nom.

L'Herbemont, le Jacquez, plants d'Amérique qui sont directs, porte-greffes et producteurs en même temps.

La greffe ; son action physiologique ; son historique.

D'après les travaux de P. Gervais, il est constant que les porte-greffes, bien sélectionnés, cultivés et reconnus aptes à la nature du sol, doués d'affinités entre le greffon et le porte-greffe, pourront, à l'avenir, servir de base à une bonne reconstitution de la vigne, assurer le salut des cépages fins que les directs ne sauraient jamais remplacer. Un jour viendra, peut-être, où ces directs et ces hybrides fourniront un vin de qualité marchande, plus ou moins fin, produit d'un cépage résistant aux maladies nombreuses, au phylloxéra, et partant, ne nécessitant plus les frais et dépenses considérables qu'entraînent, à cette heure, les traitements préservatifs et curatifs.

Si, physiologiquement parlant, la greffe n'est qu'un mode d'amélioration, elle n'en est pas moins une cause d'altérations spécifiques.

C'est ainsi que le fameux Pinot, ce roi des cépages, qui fournit le vin des rois, subit, par le greffage, certaines modifications, dans sa feuille, son fruit, son port.

Non greffé, l'ancien Pinot a un port érigé, ses feuilles sont légèrement dentées, indice certain de sa valeur, car l'on sait que les dents profondes et très marquées, sont l'apanage des plants très médiocres ou de mauvaise qualité.

Greffé, il présente des dents plus profondes et des grappes de deux sortes : grappe normale et grappillon ; alors que le franc de pied ne produit qu'une seule sorte de grappe à raisins serrés. Autre caractère distinctif : le raisin du Pinot greffé arrive plus tôt à maturité et est plus sujet à la pourriture, surtout si son porte-greffe est un Riparia.

Ces changements, ces variations physiques n'ont pas grande importance pour le moment, et pourront, sans doute, par la suite, subir une transformation heureuse par l'emploi d'un porte-greffe mieux approprié.

Dans cette période de transition, on continue peu en Bourgogne relativement aux vastes plantations des autres contrées viticoles) la culture du Pouzzin variété du Clinton obtenue par semis, cépage très fructifère, très résistant, du Noah, très résistant aux maladies cryptogamiques, donnant un rendement considérable, un vin très alcoolique, pouvant servir comme coupage des vins tendres, à goût un peu étrange dénommé « foxé », expression qui ne signifie absolument rien, mais qui sert de tremplin de dépréciation et de marchandage aux acheteurs. Le raisin Noah, rapidement vinifié, aussitôt après la cueillette, n'a pas de goût désagréable ; au contraire, il rappelle le goût de la framboise, parfois de l'ananas, suivant les climats.

L'Othello, plant indigène de la Bourgogne, mais qui a rendu et rend encore des services, pour la consommation familiale, lorsqu'il a été convenablement vinifié, par mouillage et sucrage.

Çà et là des Jacquez, très fructifère, dans le Midi, à réussite douteuse en Bourgogne. Le vin des Jacquez est neutre, sans goût, haut en couleur et revêt toutes les gammes de coloration.

C'est ainsi que, limitée à quelques cépages, une reconstitution plus complète s'impose sur des bases nouvelles ; qu'en un mot, nos ampélographes, nos pépiniéristes tant célèbres continuent leurs recherches, leurs essais convergeant vers la création, la production d'un cépage pouvant servir et de producteur direct et de porte-greffe.

Leurs efforts sont, en partie, couronnés de succès. Si nous en croyons leurs réclames, et si nous voulons apprécier, dans une juste mesure, la valeur de l'Auxerrois×Rupestris, de certains Seibel, des Couderc, plants directs, suffisamment résistants au mildiou, au black-rot, oïdium et à la pourriture grise.

Les hybrides blancs Castel trouvent bon emploi, malgré leur goût prononcé de Labrusca, dans la production des vins de Graves, du Château-Yquem (si nous en croyons les rapports optimistes) et seraient appelés un jour à remplacer les Sauvignons, les Semillons. Affaire de goût, peut-être, et non de perversion des sens !

De ce que la viticulture, à cette heure, ne soit plus, comme autrefois, une science banale, qu'avant l'envahissement du phylloxéra tout s'y faisait à la bonne franquette, que pour avoir un cep ou une bouture, il suffisait de planter un bout de sarment dans le sol ameubli, il ne s'ensuit pas de là que nos ancêtres (et pour ne pas remonter si loin), nos pères, n'aient eu leurs déboires. Ils avaient bien plus d'années mauvaises à oublier que de bonnes à marquer d'un caillou blanc.

Il suffit de consulter les statistiques, pour s'assurer que les grandes années du XIXᵉ siècle ne se comptent pas par décade, que les grands vins appartiennent aux années 1811 (vin de la Comète), 1834, 1846, 1865, 1875 et 1898.

Le phylloxéra n'avait pas encore apparu dans le dernier quart du siècle et pourtant, les mauvaises récoltes étaient plus nombreuses que les bonnes : elles étaient fortement atteintes et parfois anéanties par les fléaux naturels, inévitables sans doute, mais aussi par les maladies parasitaires d'ordre animal et même végétal, c'est-à-dire par les ravages de la Cochylis ou ver coquin, de l'Altise, du Cigareur, du Gribouri ou écrivain, par l'Oïdium, qui fit son apparition en France dès 1850, par un pseudo-mildew, peu ou pas étudié à ce moment-là, lequel, d'après le témoignage de personnes existantes encore, revêtait le caractère sporadique, entraînait, parfois, la chute des feuilles, au point qu'à la vendange, la grappe apparaissait isolément sur le cep dénudé.

Ces maladies n'étaient pas endémiques comme de nos jours où, chaque année, la série des traitements, sulfureux, sulfurés, cupriques, etc., etc., s'allonge dans des proportions effrayantes.

Tel était le passé de la vigne.

Quant au présent, il nous apparaît sous des couleurs peu riantes, pas assez sombres, toutefois, pour nous enlever tout espoir dans un avenir meilleur.

L'avenir ne peut nous appartenir : le salut que nous attendons de lui, pour la régénération de la vigne, sera le couronnement des travaux, des recherches patientes de la science culturale, de cette œuvre difficile d'où doit naître le grand et puissant régénérateur, capable d'affronter la lutte où, vainement, se débat le vinifera.

La vigne du vieux continent fléchit : le fait est avéré; la cause vraie est connue, dit-on. Ce fléchissement est-il causé par une dégénérescence spécifique, où est-il le résultat de l'épuisement résultant du phylloxéra ?

A une question ainsi posée, la réponse est aisée.

La vigne ne meurt pas, *per se*, elle meurt épuisée par le phylloxéra.

Le moyen radical de détruire cet hôte forcé n'étant pas trouvé, il ne nous reste que la ressource de tourner la difficulté, d'essayer d'enrayer sa prolification, en le réduisant à la portion congrue par l'apport à son appétit dévorant, d'un cépage à racines dures et résistantes, enfin à souhaiter qu'après avoir accompli le cycle de vie à trépas, il périsse de la *malemort* des scélérats.

CHAPITRE II

Soins à donner à la vigne : fumure, taille ; soins préliminaires à l'égard de la récolte ; aperçus sur l'exposition, la climatologie, la météorologie ; sur les maladies cryptogamiques, parasitaires ; sur les fléaux accidentels et naturels.

Vouloir entrer dans de grands détails pour établir la valeur d'une bonne culture, de la vigne en particulier, serait chose oiseuse. Tous, nous savons que la vigne, cette rustique plante, quoique s'accommodant d'une forte dose de sauvagerie, n'en est pas moins sensible aux attentions qu'on lui prodigue en échange de ses dons généreux.

Rustique, sauvage, sans fausse honte, elle se civilise volontiers ; elle étend, avec satisfaction, ses pampres dans les coteaux, les treilles, au besoin dans la plaine, et ne dédaigne pas labours et engrais.

Aussi n'est-ce que pour mémoire que nous dirons que des bons soins culturaux, dépendent la qualité, la quantité, et du cépage et du vin.

La vigne est une de ces bonnes créatures végétales qui, tour à tour, rampe, se redresse fièrement, montre sa vigueur, sa force intrinsèque, en produisant, dans son cycle annuel, fleurs et fruits ; qui, sensible aux trops grands froids, se complaît aux ardents rayons du soleil. Ses pleurs ne sont que le témoignage de son exubérance, de sa vitalité, et non le résultat direct et brutal d'une lésion dont elle n'a guère souci.

Elle se prête à tous les modes de culture, de taille, proportionnant son rendement, ses qualités, aux soins qu'on lui donne.

La culture des raisins de serre, de treilles, nous en donne la preuve.

Qu'il nous suffise de dire que le rendement d'une vigne sera en raison directe des soins de toute nature dont elle aura été l'objet.

Les recommandations du bon père de famille, de La Fontaine, trouvent là leur application : « Travaillez sans cesse, remuez, et vous serez récompensés. »

Dans cet ordre d'idées nous ne pouvons que succinctement énumérer les soins à donner à la vigne, soit par les labours, les fumures, le *désherbage* à qui l'on a donné le nom d'*Inculture* et dont nous parlerons en son lieu et place.

Les labours d'automne auront le grand avantage de rendre le terrain meuble, de faire pénétrer dans les parties soulevées ce grand élément vivifiant, l'oxygène, l'air en un mot.

La gelée, le dégel ensuite, feront office de broyeurs, prépareront la bonne culture du printemps, en ameublissant ainsi le terrain foulé, battu, *pigé* par les travaux, les opérations automnales. Le buttage soit à la pioche, soit à la charrue, assure l'écoulement des eaux, protège le cep, enfouit les mauvaises herbes, contrarie leur grenage, et les transforme, par décomposition, en éléments fertilisants.

Vienne le printemps, la culture commence ; elle bat son plein en trois ou quatre temps, si la saison et les conditions climatologiques le permettent. Débuttage et piochage, binage, tierçage, désherbage final, opération qui aura d'autant plus de valeur, qu'elle sera faite par un temps sec et que les mauvaises herbes seront rôties, grillées par le soleil.

En somme, ces soins sont si élémentaires que nous ne voulons pas insister davantage sur ces questions de pratique courante connues de tous les vignerons.

Une vigne herbeuse ne saurait être que le refuge des spores actives de toutes les maladies cryptogamiques et parasitaires et leur abri tutélaire.

Il est nécessaire de faire une guerre acharnée à toutes ces mauvaises herbes, qui épuisent le sol, au détriment de l'ayant droit, qu'on surveille même le cep, où la gent parasitaire établit domicile, qui dans les crevasses des écorces, qui dans les tuteurs, les piquets, vient y hiverner, pour villégiaturer ensuite suivant la saison et son genre de vie.

Un de nos plus grands ampélographes, M. Oberlin, directeur de la station viticole de Colmar (Alsace), n'a pas craint, dans ces derniers temps, de conseiller l'*Inculture* de la vigne, en recouvrant, comme on le fait pour les allées de jardin, le sol bien désherbé, d'une couche d'escarbilles ou de scories ; quelle économie de temps, de main-d'œuvre n'en résulterait-il pas ?

Les expériences sont trop récentes, les essais trop limités pour que son action heureuse soit acquise à ce mode nouveau. Nous ne pouvons cependant pas résister au désir de reproduire les faits principaux de la notice publiée par la *Revue d'horticulture*.

L'Inculture, dit M. Oberlin, malgré ses détracteurs, a fourni ses preuves : on cite l'exemple d'une vigne qui, pendant 40 ans, n'a reçu ni culture ni fumure, et a produit une récolte semblable à celle de vignes cultivées à l'ancienne mode.

Ajoutons, toutefois, que cette vigne a été l'objet jaloux de cet inculteur, qui n'y laissait subsister la moindre mauvaise herbe. Le sol a été tenu constamment dans un état de propreté absolue ; de là, le secret des résultats si surprenants qu'il a obtenus. Une couche de scories de dix à quinze centimètres empêche les mauvaises herbes de pousser, et facilite l'arrachage des quelques rares brins qui s'y font jour.

CONCLUSION. — Nous fumons nos vignes pour produire les mauvaises herbes.

Une vigne peut se passer de culture sans aucune espèce de couverture, à la condition d'être tenue proprement ; ce principe admis, l'inculture rendrait des services considérables, ménageant l'argent et le temps qu'on pourrait utilement consacrer à combattre les maladies cryptogamiques et parasitaires.

Des résultats ont été obtenus ; l'inculture n'est plus une utopie ; elle a une valeur relative que nous devons lui accorder en voyant au bord de nos maisons de villages, des ceps parfois centenaires, pousser entre les pavés et dans un sol absolument dur, ne recevant jamais le moindre brin de culture. Nous disons que la valeur de l'inculture nous semble relative ; dans le cas ci-dessus, il n'est pas douteux que les liquides fertilisants entraînés dans le sous-sol ne jouent leur rôle : aussi croyons-nous que, longtemps encore, la fumure sera en honneur.

Fumure.

La nécessité de fumer la vigne s'impose par l'apport périodique d'engrais, dont la qualité devra varier suivant la nature et l'épuisement du sol, de la force de la vigne et de l'état de sa santé.

À la rigueur, on devrait fumer modérément la terre tous les ans ; mais, en Bourgogne, l'habitude est de ne le faire que tous les trois ou quatre ans. L'emploi du fumier de ferme convient particulièrement dans nos terrains calcaires et siliceux et c'est à lui que la petite culture s'adresse. Les engrais chimiques s'emploient de préférence dans la grande culture et là où le fumier de ferme fait défaut et où le sol suffisamment riche en humus exige surtout les substances végéto-minérales.

Si le fumier de ferme convient, en général, à toutes les cultures, il n'en est pas de même des engrais chimiques. Les plantes n'ont pas le même besoin de nutrition, d'assimilation des éléments fertilisants ; la vigne ne fait pas exception ; partant, les engrais artificiels devront varier dans leur composition ou, en d'autres termes, la composition variera suivant la nature du sol et de la plante.

A défaut de ces fumures, fumier de ferme et engrais chimiques, on peut faire usage des fumures naturelles produites par l'enfouissement des plantes riches en principes azotés, lors de l'amendement et la future reconstitution d'une terre à vigne.

Aux sols argilo-calcaires, conviennent : les légumineuses, les féveroles, les vesces, les pois, le trèfle, puis les crucifères, telles que le colza, la navette, la moutarde.

Dans les sols sableux, on sèmera les légumineuses, telles que le trèfle blanc, le trèfle incarnat, le lupin et parfois le sarrasin, l'espargette, la luzerne.

En général, il faut surtout considérer la nature du sol, et remarquer que le calcaire occupe la plus grande partie de la Bourgogne viticole. En effet, les montagnes de la Côte-d'Or sont de formation oolithique, de même qu'une grande partie de la chaîne qui s'étend dans le Chalonnais.

Les terrains tertiaires occupent la partie basse, à partir de Dijon, Beaune, Meursault, Chassagne où l'on a constaté dans les Montrachet un sous-sol calcaro-magnésien, Chagny, le Bourgneuf; à côté on voit les étages de l'oolithe inférieure, les formations du lias, les marnes irisées qui confinent aux terrains secondaires et aux granits, qui apparaissent dans le Liernais et s'étendent sous forme de porphyres, de trapps dans le Morvan, marquant ainsi la limite de la culture de la vigne. Par l'emploi du fumier de ferme, on n'a cure de ces variétés de terrains; il en est autrement quand il s'agit de faire usage d'engrais artificiels.

C'est ainsi que les terrains calcaires de la côte nécessiteront une composition ou formule d'engrais, autre que ceux à base siliceuse, granitique ou granitoïde, qui se côtoyent comme dans les terrains d'érosion de Paris-l'Hôpital.

La nature, cette mère si prévoyante, avec amour, favorise, mais non à titre exclusif, suivant la composition du sol, ici, les plantes calciphiles, là, les arénophiles.

Le plâtre sera dispensé largement dans les terrains siliceux et maigrement dans les terrains calcaires.

Les quatre éléments fertilisants des fumiers, des engrais, sont :

La potasse, l'acide phosphorique, l'azote et la chaux, dont les notations ou symboles chimiques KO, PO^5 Az, CaO, n'ont que faire dans ce modeste travail, sans prétention scientifique aucune.

Dans le fumier de ferme, ces quatre éléments principaux se trouvent réunis : l'azote sous forme de produits de décomposition des matières animales, de sels ammoniacaux (l'ammoniaque étant un composé d'azote) provenant des excréments, urines, etc., etc. ; la potasse, sous diverses formes, chlorures, sulfates ; l'acide phosphorique sous forme de phosphates, phosphates d'origine végétale ou animale; la chaux, sous forme de carbonate principalement.

Pour remplacer ce fumier par un équivalent minéralisé, il importe qu'un choix judicieux des composants préside à la formule, que les matières premières soient dosées, titrées.

Pour la *potasse*, on emploiera soit les produits livrés sous le nom de sulfate, de chlorure, de carbonate de potasse (la Kaïnit).

L'acide *phosphorique*, ce grand générateur, cet indispensable compagnon de succès, sera pris dans la série des phosphates animaux ou minéraux, les superphosphates, les scories de déphosphoration, les coprolithes, les nodules phosphatés des sables verts de la Champagne, de la Gaize ou Gouet de la Marne.

L'*azote* sera fourni par les déchets de nature animale, tels que, sang desséché, viande desséchée, corne, peaux et résidus de tanneries, corroiriés, chiffons gras, déchets de laine, suints, poudrettes, résidus de défécation, des sucres de betteraves, de sulfate et nitrate d'ammoniaque impurs.

La *chaux* sera fournie par l'élément le plus maniable et le moins cher, le plâtre ou sulfate de chaux.

Les formules et les offres d'engrais ne manquent pas.

Le tout est de savoir faire choix et de ne pas être la dupe de ces écumeurs de campagne qui, sans foi ni loi, livrent des engrais sans valeur. Aussi conseillerons-nous de s'adresser à des fabricants consciencieux, ou mieux à nos syndicats, à nos associations, à nos usines et de préparer le mélange suivant la nature du sol et les données scientifiques.

Le professeur G. Ville, dans ses remarquables mémoires sur l'emploi exclusif ou mixte des fumures, nous donne une formule générale qui, comme nous le verrons, doit subir certaines modifications et applications individuelles.

Le végétal puise dans le sol les éléments nutritifs, s'assimile les substances *minéralisatrices*, épuise les ressources ; le but des engrais chimiques est de compenser cette perte.

La vigne, en culture, est douée d'une activité de végétation surprenante, elle a besoin de nourriture en tout temps ; elle ne peut être comparée à un animal autophage qui, à un moment donné, a fait ample provision et se suffit à lui-même, ni même à un végétal d'essence forestière qui croît, pousse, grandit et trouve sa nourriture dans la couche d'humus formée par ses dépouilles et vivifiée par l'oxygène de l'air, l'eau et les gaz que celle-ci entraîne. Sans vouloir considérer la vigne comme autophage, nous ne saurions que recommander de rapporter au terrain, sous forme d'amendement, lies, marcs bruts ou distillés, feuilles, sarments broyés, cendres, en un mot, restituer, autant que possible, les éléments enlevés par la culture, rendre à la vigne ce qui était à la vigne ; avec un soin jaloux, elle saura, à son tour, rendre à César ce qui est à César, et convertir son jus en beaux deniers.

L'épuisement du sol est en raison directe d'une production exagérée. C'est ainsi que les récoltes de 1900 et de 1901 ont été presque fatales pour le vignoble ; elles ont fortement épuisé le sol : après avoir bondé nos caves, elles ont vidé nos bourses ouvertes à l'achat d'engrais.

Une surproduction épuise le cep ; le phylloxéra, de son côté, en fait autant. De nombreuses taches ont apparu depuis, soit dans les greffes sur Riparia, soit sur Rupestris : grâce à une taille bien ménagée, à des fumures copieuses, on a, en partie du moins, remédié au mal ; on a redonné un peu de vitalité, mais, hélas ! pas infusé assez de résistance dans les racines aux cruelles morsures du phylloxéra. C'est par une fumure bien adaptée que nous pouvons espérer prolonger l'agonie de nos cépages. Nourrissons donc le sol, cherchons, par des engrais, à rendre le cépage plus résistant, fortifions-le de manière à le rendre plus apte à soutenir la lutte ; et c'est ainsi que se justifiera le vieux dicton : « Si tu veux que ta vigne te donne à boire, donne-lui à manger. »

Le fumier de ferme est et sera toujours l'engrais le plus approprié à n'importe quelle culture, à condition, toutefois, qu'il soit *complet*, en d'autres termes, qu'il ait été bien préparé et n'ait pas perdu son principe le plus actif, l'azote. Il est nécessaire qu'un fumier soit disposé, non en plein air, sur le sol, mais dans une fosse étanche, que les produits ammoniacaux, au lieu de s'évaporer, restent au sein de la masse.

Les fumures simples ou mixtes se font dès la fin de l'hiver ; que les engrais soient mis en couverture ou en cuvette, il est important de les enfouir dès que possible.

Les engrais chimiques pulvérulents sont dans le même cas : ces divers composants seront, aussi intimement que possible, mêlés à la pelle, *ou au fésou*, sur une aire sèche, et aussitôt employés, puis enfouis. Exposés à l'air, ces mélanges, par suite de la réaction des sels potassiques et calcaires sur les substances azotées, dégagent de l'ammoniaque, d'où perte d'une certaine quantité d'azote (l'azote, comme nous le savons, étant la partie constituante principale de l'ammoniaque).

La composition du mélange, en ce qui concerne les engrais artificiels ou chimiques, devra varier suivant la nature du sol ; c'est ainsi que, pour nos terrains calcaires de la côte, la composition ne sera pas la même que pour les sols sablonneux, siliceux ou de nature granitoïde, que, dans le premier cas, le plâtre ou l'élément chaux devra être parcimonieusement employé, dans le second cas, largement dispensé.

Dans les terrains calcaires, on peut, toutefois, faire usage de phosphates calcaires.

Se basant sur les considérations ci-dessus, la composition de l'engrais devra être la suivante :

Sols calcaires :

Par hectare ou 24 ouvrées environ. Sang desséché
  ou autres matières animales azotées.............. 4 à 500 kilos.
Superphosphate d'os ou encore superphosphate
  minéral.......... .... 5 à 700 —
Chlorure de potassium............. .... 200 —

Sols peu ou pas calcaires :

Matières animales............................... 4 à 500 —
Scories de déphosphoration...................... 900 —
Sulfate de potasse.............................. 200 —

Comme, en matière pareille, un petit excès ne saurait être nuisible,
et qu'en Bourgogne l'unité la plus employée est l'ouvrée de
4 ares 28, nous conseillons d'employer pour cette ouvrée 1/20 des
substances.

Sauf à mériter le reproche de nous répéter, nous dirons que les
formules des engrais sont nombreuses et variées ; leur composition
varie suivant la nature du sol, l'âge et l'état de la vigne.

George Wille, le grand agronome, conseille par hectare
1,000 kilos d'un engrais normal pour les vignes en bonne santé,
2,000 à 3,000 kilos pour les vignes affaiblies, soit de 40, 80 à 120 kilos
par ouvrée.

Pour les terrains calcaires, il faudra peu ou pas de plâtre, et
davantage de potasse sous forme de chlorure, dans les terrains
argileux surtout.

Les terrains granitiques, granitoïdes, exigent, par contre, plus de
potasse, de phosphates, de chaux et beaucoup de scories de
déphosphoration.

Dans les sols légers, employer le sulfate d'ammoniaque des produits
organiques azotés, en couverture d'automne et labour, sauf à
n'employer les nitrates qu'au printemps, soit en couverture, soit en
épanchage à la cuvette, au moment de la première façon de la vigne.

Voici une formule rationnelle, expérimentée, à employer dans les
terrains argilo-calcaires de notre région :

Quantité moyenne par ouvrée..................... 35 kilos
     —   —   par hectare..................... 800 —
Sang desséché 11 à 13 %........................ 300 —
Chlorure de potassium 50 à 52 %................. 200 —
Superphosphate de chaux 16 à 18 % (d'os)......... 300 —
                                                 ————
Prix moyen : 20 francs les 100 kilos.   800 — à 160 fr.

N. B. — Le mélange devra être fait, sur une aire, à la pelle, au
moment de s'en servir : l'humidité et les sels de potasse peuvent
donner lieu à un dégagement d'ammoniaque et, partant, à une perte
d'azote qui s'échappe dans l'air.

Taille.

La question de la taille demanderait une étude très étendue : le cadre restreint de ce travail ne comporte toutefois qu'un aperçu succinct, et ne saurait se prévaloir d'un ensemble complet de conseils. Simplifiant la question, nous dirons qu'en principe, il n'existe que deux sortes de taille, et que de leur application judicieuse, soit seule ou combinée, dépendent et la tenue, et l'aspect, et l'avenir d'une plantation.

En Bourgogne, on pratique les deux sortes de taille, soit taille longue, soit taille courte.

L'une et l'autre ont leurs avantages, leurs inconvénients ; leur application devra être subordonnée à la nature, à la force, à l'âge du cep, et au discernement du vigneron.

Le mode de taille s'impose individuellement et non généralement.

Taille longue.

Dans la taille longue, on conserve sur les souches des portions de sarments portant plus de trois bourgeons, en d'autres termes, on fait des baguettes fructifères.

La taille longue a été surtout préconisée par le docteur Guyot ; avantageuse au point de vue du rendement, elle a le désavantage, en poussant à fruit, d'épuiser le cep.

La méthode Guyot consiste à ménager sur la souche un long bois, devenant branche fructifère, et un courson à deux bourgeons en moyenne, pouvant l'année suivante fournir une nouvelle branche fructifère et un courson de remplacement.

La taille longue, répétons-le, en tant qu'elle est exagérée, peut épuiser le cep par surproduction de fruits ; il faut donc la pratiquer avec modération si l'on veut donner longue vie à la vigne, en user largement si l'on veut temporairement produire un maximum de rendement.

Entre les deux, doit exister un moyen terme, qui est celui en usage dans certaines contrées et qui consiste à modérer l'activité fougueuse de la vigne, par la courbure des baguettes, par des *archelots*. Ce moyen terme consiste à rabattre tous les ans, là où les branches ont fourni fruit, à reconstituer ainsi de nouvelles branches au moyen des sarments, prises sur le vieux bois, à tailler à deux yeux francs le courson, le courson ou billon devant fournir l'année suivante deux longs sarments ou branches fructifères.

La taille longue convient surtout aux cépages à petit rendement, aux plants fins, rouges ou blancs, tels que Pinot, Chardonnet.

Disons toutefois que la taille mixte, avec application des archelots, ou sarments recourbés, épuise moins la vigne que le système à sarments érigés ou horizontaux, où l'appel des sucs est infiniment plus grand.

Taille courte.

La taille courte est appliquée en Bourgogne sur la généralité des cépages ordinaires et le mode le plus connu.

Elle consiste à couper les sarments de l'année de façon à ne conserver sur chacun de ceux destinés à porter fruits, que deux ou trois bourgeons, sans se préoccuper des bourgeons situés à la base du sarment, appelés bourrillons.

Ces portions de sarments ménagés constituent les coursons, les billons, ou en d'autres termes les branches fructifères.

Le nombre de coursons à établir ou à ménager dépend de la force, de l'âge du plant ; il peut varier de 4 à 6, et de 3 à 4 au plus dans la taille en gobelets.

Le vigneron intelligent appliquera à chaque cep le nombre de billons qu'il jugera nécessaire ; il n'y a aucune règle absolue ; le mode peut être général, mais son application est individuelle, et, bien souvent, la pratique prévaudra sur la théorie.

Si par une bonne taille, intelligemment faite, le vigneron produit en peu de temps, une vigne à belle apparence, à rendement des plus favorables, il n'en est pas moins obligé de suppléer, chaque année, par des bouturages, des provignages, au manque qui se produit fatalement.

De tout temps le provignage a été mis en œuvre ; cependant ce n'est que depuis la reconstitution du vignoble par les greffes, que cette question de provignage a soulevé des discussions.

Le provin, en prenant racines au bout des merithales est-il d'essence française pure ou d'essence mixte ? L'enfant né d'un greffon français sur souche américaine, conserve-t-il l'immunité relative, ou est-il redevenu le plant à pur sang français, à racines et radicelles tendres, le garde-manger du phylloxéra, à lui servir de pâture ?

Quoi qu'il en soit, l'ancien mode de provigner se pratiquera longtemps encore, qu'il soit bon, qu'il ne soit qu'un pis aller, et servira à combler les lacunes qui se présentent, même dans les cultures bien soignées.

Avant l'apparition du phylloxéra on renouvelait les vignes par boutures, mais souvent aussi par les provins. On reconstituait par bandes, en ouvrant de grands fossés, on y couchait le sarment sain ; une fumure bien conditionnée s'ajoutait à la main de l'homme ; le Créateur faisait le reste ; la vieille vigne plantée par nos pères, par les moines, renaissait vigoureuse, couverte des teintes vertes de la jeunesse et de la santé.

Avant de terminer ce chapitre, disons un mot de l'écourtage ou du rognage pratiqués dans la plupart des centres viticoles de la Bourgogne, un peu par coquetterie, à notre humble avis, après les derniers accolements de juin et juillet. Cette opération présente plus d'inconvénients que d'avantages. Les feuilles sont utiles à la vigne : ce sont elles qui élaborent la matière sucrée nourrissant le raisin, en fixant le carbone de l'acide carbonique de l'air.

Les vignes rognées mûrissent bien moins leurs fruits; si tant est que, pour avoir des vignes à aspect régulier et pour ménager les arrosages, on veuille user de ce moyen, qu'on le fasse avec modération au détriment de la régularité.

Climatologie.

Si la question du sol joue un grand rôle dans le goût, la valeur, le bouquet des vins; si les sols calcaires ou ceux tertiaires marins de la Côte-d'Or, produisent ce bouquet spécial, *sui generis*, si les sols siliceux de l'Alsace, des vallées de la Moselle, du Rhin, communiquent aux vins un autre bouquet spécial, goût de feu, de pierre à fusil, si encore les sols du Beaujolais, du Bordelais, de la Champagne, donnent une empreinte spéciale à leurs produits, il ne s'ensuit pas de là que tous les climats, malgré les plantations similaires les mieux faites, soient adéquates. L'exposition, la situation jouent un grand rôle; mais à son tour, la climatologie prend ses droits.

Insouciante du qu'en dira-t-on, elle nous donne, bon an, mal an, une moyenne en rapport avec l'habitat.

Les années chaudes donnent les bons vins; c'est une vérité de La Palisse; cet énoncé vulgaire mérite pourtant notre examen, notre attention.

Parcourons, par exemple, les statistiques, les observations climatologiques, météorologiques, et il sera facile à nous, de nous convaincre de la réalité, d'apprécier la valeur de ces données.

C'est ainsi que les bonnes années légendaires (pour ne parler que des époques récentes), celles à marquer d'un caillou blanc, se montrent en concordance parfaite avec les sommes de chaleur relevées avec soin à la station météorologique de Remigny. Mais avant d'entrer dans ces considérations spéciales, locales, généralisons les conditions essentielles à l'obtention d'une bonne récolte.

Le succès d'un vignoble dépend non seulement des soins du vigneron, instrument et en même temps force intellectuels, mais encore du milieu physique, du sol, de l'atmosphère, enfin du cépage, instrument végétal chargé d'élaborer le produit, grâce à la lumière, la chaleur, ces deux facteurs principaux à qui sont dévolues la formation des tissus, la production de la matière verte, la vigueur, la maturation, la transformation des éléments hydrocarbonés en sucre, en malates, tartrates, acide tannique, etc., etc.

Autant que possible, on plantera la vigne dans un terrain bien ensoleillé, à l'exposition sud ou sud-est, tournée vers le levant, de préférence dans des endroits surélevés, de manière à éviter les gelées si fréquentes dans les parties basses, et l'invasion des maladies cryptogamiques qui se développent de préférence dans les terrains humides.

La nature du sol doit être étudiée, le cépage adapté à sa composition, suivant que le calcaire prédomine, ou que l'argile, la silice manquent, que la vraie couche productive, l'humus, soit plus ou moins épaisse, colorée, soit par les produits ulmiques ou ferrugineux.

Un des exemples les plus frappants de l'influence ou de la nature du sol sur le cépage, nous est fourni par une dégénérescence ou transformation de la matière verte, dite chlorophylle, en d'autres termes, de la chlorose.

Si la vigne française, *vitis vinifera*, se plaît bien dans les sols calcaires, à l'état naturel en compagnie du buis (comme nous le voyons dans les terrains jurassiques), cette plante essentiellement calciphile, qui ne réussit qu'à l'état cultural dans les terrains granitiques, sous forme de bordures, la vigne américaine ou ses dérivés par greffes s'accommode mal d'un excès de calcaire.

Cet excès de calcaire, en dissolution, circule dans les vaisseaux, produit une décoloration; la chlorophylle *ou matière verte* subit une transformation, la feuille pâlit et le pied s'atrophie.

Dans les paragraphes suivants, nous aurons occasion de revenir sur ce sujet et ce mal physiologique.

Météorologie.

Les bonnes années préparent les bonnes récoltes; les belles et bonnes vendanges donnent les bons vins. Nos sens n'ont pas besoin d'aller au fond de la chose pour expliquer la justesse de cet adage : notre impuissance à régler la climatologie, ne doit pourtant pas nous empêcher de scruter les causes générales et locales qui influent sur les récoltes.

Si, pauvre Mathieu de la Drôme, nous ne pouvons prédire le temps, nous sommes pourtant à même de déduire des observations certaines données nous permettant de bien ou mal augurer de la future récolte, de pouvoir fixer, presque mathématiquement, l'époque des vendanges, d'après la somme de chaleur enregistrée, depuis la floraison à la cueillette; si une certaine moyenne est nécessaire pour la maturation annuelle, la somme des maxima s'étendant sur une période de 90 à 100 jours devient le facteur définitif.

Dans son remarquable travail « Le Vin », œuvre classique qui a servi de modèle à tous les travaux postérieurs, A. de Vergnette-Lamothe, nous donne les tableaux des observations météorologiques, ses rapports avec la maturité et la qualité des vins.

La moyenne thermométrique annuelle, en moyenne, en Bourgogne, soit la zone tempérée que nous habitons, varie peu.

Ce ne sont pas, répétons-le, les sommes de chaleur de l'année qui exercent la plus grande influence, puisque la moyenne varie peu, mais bien la somme des maxima produits depuis la floraison jusqu'à la maturité.

Il arrive parfois que, comme cela s'est vu en 1903, ce soit l'arrière-saison qui *fasse le verjus* et le vin; en d'autres termes, on remarque qu'en additionnant, depuis le moment de la floraison jusqu'à la maturité, les maximas journaliers (sans tenir compte des minimas, ni des moyennes), les sommes les plus élevées correspondent aux qualités les meilleures.

Ce moyen, tout mathématique, ne manque ni d'originalité ni d'exactitude.

Des relevés faits par A. de Vergnette-Lamothe (1868), il résulte que les sommes maxima correspondent aux années les plus favorisées comme qualité et richesse; nos relevés faits à Remigny confirment en tous points ce fait, en établissant une relation constante entre les bonnes années et les sommes des maxima notées depuis la floraison jusqu'à la maturité, soit pendant une période de 90 à 100 jours.

Les observations s'étendent sur une période de six années, soit de 1898 à 1903, au moyen du thermomètre à l'ombre, à l'air libre, à l'abri des réverbérations des bâtiments, du baromètre à mercure, du pluviomètre, en un mot, d'instruments contrôlés et exposés dans les meilleures conditions, à l'altitude de 215 mètres.

TABLEAU COMPARATIF

Moyenne thermométrique de l'année.

1898	1899	1900	1901	1902	1903
11,56	11,29	10,97	9,46	10,10	10,26

Somme totale de la chaleur depuis la floraison à la maturité.

2878	2827	2727	2541	2493	2496

Sommes totales de la chaleur de l'année.

6045	6015	5898	5692	5502	5796

Cette période de six années donne pour température moyenne de l'année : 10°60; et comme moyenne de chaleur totale : 5,825 degrés, dont la moitié environ s'applique à la maturation du raisin, la moyenne de ces maxima (de six années) étant 2,660 degrés.

De cette évaluation mathématique, il ressort que, pour que le raisin arrive à maturité, une somme de chaleur émise durant 90 à 100 jours, de 2,500 à 2,800 degrés est nécessaire.

Ces chiffres n'ont pas besoin d'autres commentaires : ajoutons cependant, que, lors de la réunion du Congrès des vignerons français, à Dijon, en 1846, on avait déjà posé comme axiome : « Les observations météorologiques démontrent, d'une façon absolue, la concordance qui existe contre les phénomènes atmosphériques et le vin. »

La commission nommée avait charge de faire des observations météorologiques ; la conclusion du rapporteur fut : que la quantité d'eau tombée pendant toute la période de la végétation de la vigne a une influence sur la qualité du raisin et sur celle du vin ; qu'il en est de même en ce qui concerne la chaleur, dont la plus grande somme de degrés entre la floraison et la maturité, correspond à une qualité supérieure des vins.

La taille a une influence sur la maturité du raisin.

La taille courte la plus généralement adoptée en Bourgogne, hâte la maturation ; la taille longue et la disposition en baguettes la retarde. Cependant, en moyenne, les vendanges se font rarement fin août, peu fréquemment en octobre, et presque toujours en septembre.

Voici le relevé de neuf années (1893 à 1903) concernant la vendange des Pinots, à Remigny :

Années.	Titre du jus.	Vendanges.
1893	11	28 août.
1894	12	27 septembre.
1895	13	22 —
1896	11 50	21 —
1897	10	13 —
1898	(a) 12 à 12 50	29 —
1899	12 à 12 40	21 —
1900	10 à 11	24 —
1901	10 50 à 11	10 —
1902	10 à 10 50	29 —
1903	11 à 11 50	du 30 — au 1er octobre.

« (a) Variation, suivant que le titre était pris, le matin par la rosée, ou dans la journée par le soleil. »

Si dans ce tableau nous ne donnons pas le titre du jus des raisins ordinaires Gamay blancs ou rouges, c'est que nous estimons que le Pinot constitue la pierre de touche et que leur titre varie de 7 à 9 pour les bons crus, et de 5 à 6° pour les plants ordinaires Fréault, Plants rouges.

A l'article vinification, nous verrons que le sucrage à 5 ou 6 kilos par pièce de vendange, fait regagner la perte subie par la conversion du sucre en alcool.

MALADIES DE LA VIGNE
Les fléaux naturels.

Les fléaux naturels :

Que dire des fléaux naturels qui viennent s'abattre sur la vigne, sinon que nous sommes impuissants à lutter contre eux ; si parfois nos armes sauraient être considérées comme préventives, dans la généralité des cas, elles ne sauraient être qu'offensives.

Les fléaux naturels (gelée, grêle) ont deux causes : un abaissement de température ou la surabondance de l'humidité, qui, à l'époque critique de la végétation, amène la coulure.

La gelée d'hiver (heureusement peu fréquente en Bourgogne) est la plus à redouter ; elle détruit non seulement les bourgeons, mais souvent la plante entière, surtout quand elle est jeune et que ses racines n'ont pas été protégées par le buttage d'automne.

Terrible par ses effets, la gelée blanche et noire parfois du printemps, cause désastres et tourments, surtout à l'époque de la lune rousse ; la gelée blanche ou noire peut, en une seule nuit, non seulement compromettre la récolte, mais détruire tout l'espoir du vigneron.

Ces gelées, chacun le sait, sont dues au rayonnement nocturne : le sol et la végétation échauffés, durant la journée, restituent à l'atmosphère refroidie, la chaleur absorbée. La lune rousse n'a que voir et que faire dans cet échange de température, ce duel entre messires chaud et froid.

Comme moyens défensifs, on a conseillé les écrans, les paillassons, (moyens applicables pour la petite culture) les nuages artificiels produits par la combustion de matières goudronneuses, de substances donnant beaucoup de fumée.

Dans le vignoble de la vallée du Rhin, où ce mode de défense est scientifiquement et pratiquement installé sur des surfaces très étendues, où des équipes de veilleurs sont toujours prêtes, où des instruments enregistreurs font partir automatiquement des pétards qui mettent le feu aux marmites ou récipients installés d'espace en espace, les résultats sont des plus encourageants, surtout quand la température ne descend pas à plus de 2 degrés au-dessous de 0. Un thermomètre à déclanchage, quand le 0 est atteint, met le feu aux poudres, si l'on peut s'exprimer ainsi. La préservation devient certaine, si, dans un champ d'essai limité, les opérations sont faites au moment opportun, au lever du jour, par tous les tenants et aboutissants et si le vent ne vient pas chasser les nuages de fumée qui, planant à petite hauteur, font office d'écrans.

Quant aux rares gelées qui surviennent avant la vendange ou avant l'aoûtement, elles sont sans remède.

La grêle.

La grêle, sans contredit, est le plus terrifiant et le plus attristant des fléaux. En quelques minutes parfois, elle cause la disparition de la récolte future et compromet celle des années suivantes.

Une vendange grêlée est une vendange perdue.

Le bois, les feuilles, le fruit étant atteints, la plante souffre sous toutes les formes, elle ne respire plus, elle devient la proie de toutes les maladies. Le grêlon meurtrit la grume, abat la feuille, déchiquète le bois. Les parasites élisent domicile sur ces meurtrissures du grain, le suc est altéré ou bien, par dessiccation, le fruit s'atrophie, sèche, si une période de chaleur survient à temps.

Le grain malade ne renferme plus que des sucs altérés qui communiquent au vin ce goût spécial, dit goût de grêle, âpre, désagréable, que rien, même les soutirages répétés, ne fait disparaître. Ce mauvais goût est dû à l'altération des sucs par les parasites cryptogamiques ; aussi n'entendons-nous pas, à chaque saison, dire dans le langage naïf : La grêle, *c'est de la poison !*

Quand les grains atteints ne se dessèchent pas, sous l'action de la sécheresse, qu'ils ne tombent pas, qu'au contraire, ils conservent une certaine vitalité maladive, la pourriture, la coulure du suc, achèvent la perte et entravent la maturité du raisin.

A ce fléau, qu'avons-nous à opposer ?

Les assurances à primes fixes et variables, les engins de tir. Les risques et les avantages de l'assurance renferment encore trop d'aléas, pour que nous puissions en parler en bonne connaissance de cause.

Le tir du canon, qui n'est autre que du *vieux neuf*, a reconquis, dans ces derniers temps, un regain de succès. De nombreux groupements se sont constitués dans la côte dijonnaise, chalonnaise, mâconnaise, pour la protection de la vigne, par le tir au canon grélifuge.

Quoiqu'il n'y ait rien de nouveau sous le soleil, *nil novi sub sole*, c'est de la Styrie, de l'Italie, vers 1896, que nous vient ce renouveau.

Si nous nous permettons ce qualificatif, c'est qu'il est à la connaissance de tous que, dans ces derniers temps encore, l'habitude de sonner les cloches, de tirer les pièces, existait en Bourgogne, dès que le vigneron voyait apparaître le vilain nuage, de couleur sombre, à bord frangé, avec ce bruissement spécial, avant-coureur de la grêle.

Les inscriptions des vieilles cloches, remontant au delà de la Renaissance, ne sont-elles pas là pour servir d'attestation et nous dire que l'ébranlement des couches d'air dissipe la foudre et la grêle?

Une notice du XVᵉ siècle, ayant trait au mobilier des églises de la vallée du Rhin, nous apprend ceci :

On sonnait la cloche consacrée d'après l'inscription remontant au XIᵉ siècle, pendant les orages.

On raconte qu'un jour, au moment où un épouvantable orage, sortant d'une vallée latérale des Vosges allait éclater, et que déjà la cloche venait de donner le signal de la prière, on entendit une voix s'écrier du haut des airs : « Arrête ! » et aussitôt, ajoute la légende, on vit la nuée d'orage reculer, et, à la grêle qui commençait à tomber, succéder une pluie douce et bienfaisante.

Crédulité naïve de jadis, scepticisme moderne.

Libre à chacun d'expliquer scientifiquement le fait.

Que nous dit encore cette inscription de 1474 ?

« *Festa decoro, tempestates fugo et defunctos pluro.* »

« Je relève la solennité des fêtes publiques, je dissipe les orages et pleure les morts. »

Et cette autre de 1268, où le mot « tempestates » orages, figure en ligne principale.

Et celle de 1400 à 1450, d'après les caractères gothiques :

« *A tempestate et fulgore, defende nos Domine.*

« Seigneur, protégez-nous de la foudre et de la tempête. »

Inutile de faire remarquer que les orages de grêle avec tonnerre portaient le nom générique de tempête.

Les nuées aqueuses, glissant entre les couches froides, se résolvent en pluie ou en grêle et *vice versâ*, suivant qu'elles se trouvent enrobées par le froid ou la chaleur.

Les groupes de défense, les syndicats de tir contre la grêle, semblent avoir copié les anciens règlements et statuts régissant la sonnerie des cloches.

Ne se croirait-on pas transporté au moyen âge quand, au vingtième siècle, nous nous trouvons en présence d'un comité de tir organisé à Denicé, Saint-Gengoux ou ailleurs, en lisant les lignes suivantes que nous extrayons du « Livre des serments de la ville d'Ammerschwyr, en Alsace, en 1345 » :

« Le sacristain est chargé d'observer le temps et de donner l'alarme en cas d'orage.

« Que ce soit de nuit ou de jour, dès qu'il aperçoit que le temps tourne à l'orage, il doit sonner la petite cloche, et ne pas cesser qu'on vienne le remplacer. »

A noter qu'à cette époque, dans les communes viticoles, chaque bourgeois devait sonner à tour de rôle après que le marguillier en avait donné le signal en sonnant la sienne.

Le tour de chacun était désigné par la remise de la clé du clocher d'un voisin à l'autre. Peu à peu cet usage fut abandonné, et c'est ainsi que dans des temps plus rapprochés de nous, le marguillier seul était chargé de ce soin, moyennant la redevance d'une certaine quantité de pots de vin. Dès 1561, l'antique coutume avait disparu, pour faire place à un régime nouveau. Ce n'était plus le sacristain qui était chargé de sonner, ce soin était réservé à tous les gens de métier de la localité. En effet, par décision du Conseil, chaque municipalité convoquait, le dimanche qui suivait la Saint-Marc, tous les gens du métier, lesquels devaient élire parmi eux, deux maîtres sonneurs. Ces maîtres sonneurs étaient assermentés ; ils avaient pour charge d'observer le temps, en cas d'orage de tirer la petite cloche, aux premiers sons de laquelle ceux d'entre les gens qu'ils avaient désignés, étaient tenus d'accourir chacun à son tour. Celui qui manquait à l'appel était puni d'un pot de vin au profit des autres, ou d'une plus grande peine prononcée par le Conseil, s'il paraissait s'en faire une habitude. Les maîtres sonneurs et ceux qui les aidaient, recevaient de la municipalité une certaine quantité de vin pour leur peine, chaque fois qu'ils avaient à sonner.

La réglementation des associations de défense par le tir se rapproche, convenons-en, singulièrement, de celle des sonneries du XVIᵉ siècle.

Si la Styrie a été le berceau moderne du tir contre la grêle, l'Italie s'est lancée, à un moment donné, avec entrain dans cette voie bruyante, pour en arriver à cette heure à un calme dans son enthousiasme, en présence de résultats contradictoires. En somme, à cette période d'engouement a succédé, chez nos voisins, une période d'accalmie.

Là, comme en France, le vent semble tourner vers les fusées paragrêles, qui peuvent s'élever, par tir horizontal, jusqu'à 5 et 600 mètres atteindre les nuées filantes, ce que ne peut faire le tir perpendiculaire du canon. Ce tir horizontal est, en somme, encore une fois, du *vieux neuf*, et la réédition *qu'il n'y a rien de nouveau sous la calotte des cieux*.

L'idée d'ébranler l'air pour dissiper les nuages au moyen de la poudre, ne peut remonter aussi loin que les sonneries, mais elle doit être contemporaine de l'emploi ou de l'application de la découverte du moine Schwartz.

En Bourgogne, comme partout ailleurs, on sonnait le tocsin et concurremment on tirait le canon ; nous disons canon, à vrai dire, les canons en usage en Bourgogne, en Alsace, en Franche-Comté, n'étaient que de grossiers mortiers en fonte appelés *boîtes*, qui servent encore de nos jours, dans les petites localités, lors des fêtes ou réjouissances publiques.

On a encore souvenance de ces tirs sur les hauteurs de Laives, de Chenôves, de Laignes, vers 1840 à 1850, et j'ai sous les yeux le rapport d'Arago, dans son mémoire sur le tonnerre, où il est dit qu'en 1769, le marquis de Chevriers avait commencé régulièrement, dans son château du Thil, à Vauxrenard, dans le Mâconnais, à tirer le canon contre les nuages de grêle et qu'il ne consommait pas moins, annuellement, pour cet objet, de 100 à 150 kilos de poudre de mine.

L'installation des canons coniques ne remonte qu'à 4 ou 5 ans. C'est en 1900, qu'un apôtre du tir est venu, dans une fort intéressante conférence, à Chalon, nous édifier sur la question.

L'apostolat de M. Antonin Guinand, de Denicé (Rhône), a mis le feu aux poudres et convaincu maints sceptiques.

L'organisation d'une station à Denicé, la création d'autres postes le long de la côte chalonnaise, à Saint-Gengoux, à Chagny, le long de la côte dijonnaise de Chassagne à Dijon, ont, à maintes reprises, justifié l'efficacité de ce mode de protection ; et si des déceptions sont venues, parfois, refroidir l'enthousiasme naissant, la cause devra être imputée à la défectuosité des engins. Au lieu d'employer les canons perfectionnés des inventeurs Tua, de Gerolla, on a fait construire à coups de marteau, par des ouvriers inexpérimentés, des cônes d'une trop grande simplicité, sans les données scientifiques, qui produisent le *sifflement spécial* de la spirale d'air; la décharge est bruyante, mais non stridente, dans ce cas.

De nombreux constructeurs se sont mis à l'œuvre et sont à même de fournir aujourd'hui des instruments perfectionnés, pour tir parallèle, horizontal, vertical, des canons automatiques, à poudre, à gaz acétylène, enfin, des mortiers à fusées qui ont été expérimentés avec succès en janvier 1904, à Nuits-Saint-Georges, lors de la réunion des syndicats de la Côte-d'Or.

Le dernier mot n'est pas dit encore ; et cependant, nous estimons, dès maintenant, que ce mode virtuel d'assurance vaut mieux que celui des versements à primes fixes ou variables adéquates à la cote de classification d'une zone.

Quelques mots sur un fléau climatérique en partie, la coulure, trouveront place dans ce chapitre.

La coulure peut être constitutionnelle ou accidentelle.

Dans le premier cas, elle provient de la mauvaise constitution du cépage, de la fleur surtout ; le plant est dit coulard.

Dans le second cas, la cause est climatérique ; elle est le résultat de l'excès d'humidité à l'époque de la floraison ; la fécondation pollinique se fait mal, la fleur avorte, les grains s'espacent, petits et malingres, le raisin est dit millerandé ! Aucun moyen n'est à notre portée pour éviter ce mal, nous ne pouvons pas *faire le temps* ; tout au plus, pouvons-nous, pour le premier cas, faire choix d'un cépage éprouvé, à organes reproducteurs bien constitués, et partant, moins sujet à la coulure constitutionnelle. La persistance du froid, avec basse température diurne ou nocturne, nuit à la production des fruits : le raisin, disent nos vieux Bourguignons, *est rentré dans le bois*.

Maladies cryptogamiques et parasitaires.
Fléaux accidentels. — Altérations physiologiques.
Causes et remèdes. — Prophylaxie.

Le cercle restreint de notre opuscule « EN BOURGOGNE », dont le but est de mêler l'utile à l'agréable, ne comporte pas une étude approfondie de tous les fléaux qui affligent la vigne ; mettre en relief les causes, la nature de ces principaux fléaux, indiquer les remèdes préventifs et curatifs, avec les formules sanctionnées par l'expérience, tel sera notre objectif.

Chlorose.

La chlorose est une maladie ou mieux une altération physiologique très fréquente, dans ces derniers temps, par suite de l'introduction de certains cépages américains, de porte-greffes, peu résistants au calcaire.

Elle se caractérise par le jaunissement de la feuille et amène l'altération de la plante entière, qui devient souffreteuse.

La chlorose est particulière aux cépages sur souches américaines plantées dans un sol calcaire ; c'est à un excès de calcaire qu'est due l'altération de la matière colorante verte, dite chlorophylle.

Les carbonates alcalins contenus dans le sol, solubilisés par l'acide carbonique et les eaux de pluie, pénètrent en trop grande quantité dans l'organisme végétal, par le système radiculaire.

Cette absorption exagérée, entraîne une modification physiologique des cellules, et la décoloration du principe vert.

La verdeur de la feuille, la production normale de la chlorophylle sont des signes de santé : le jaunissement indique au contraire un état maladif. La plante souffre, la respiration est modifiée, le raisin ne grossit pas, il mûrit mal ; le cep languit, si toutefois le mal ne va pas jusqu'au dépérissement complet.

On connaît l'action du fer sur l'organisme humain, son efficacité dans les affections chlorotiques, où les globules blancs remplacent les globules rouges à hémoglobine, ou matière rouge colorante à base de fer.

Raisonnant par analogie, en a essayé de faire suivre un traitement ferrugineux à la vigne chlorotique. Le résultat a justifié l'essai comparatif. Depuis longtemps déjà on connaissait les vertus modificatrices de la couleur des roses, des Hortensias, par les arrosages de sels de fer; c'est en arrosant les pieds avec une solution de vitriol vert ou sulfate de fer ou en répandant autour du cep des cristaux menus de ce sel, qu'on a commencé les essais.

On a reconnu bien vite que ces procédés étaient défectueux, aussi y a-t-on renoncé pour leur substituer des procédés plus rationnels. De tous ces modes, le traitement Rassiguier semble être le meilleur ; il consiste à badigeonner la taille fraîche, au moyen d'un pinceau, avec une solution de 30 % de sulfate de fer. Il est absolument indispensable, si l'on veut obtenir un bon résultat, d'opérer la taille à la chute des feuilles et de badigeonner de suite (un second opérateur suivant pas à pas) les sections humides ou plaies fraîches.

L'emploi du sulfate de fer, en nature, au pied du cep ne donne que des résultats relatifs, lorsqu'une pluie bienfaisante vient à point opérer la dissolution, la diffusion du sel et son transport sur les radicelles.

Le procédé Rassiguier est donc préférable et peut-être moins brutal que celui de Gillette, qui présente certains avantages, en ce sens qu'il peut être appliqué au moment des travaux de la vigne. A cet effet, on creuse autour des pieds chlorosés une cuvette, mettant à nu les grosses racines ; avec une serpe bien aiguisée et effilée on fait de légères incisions dans l'écorce jusqu'au liber, et on les badigeonne avec une solution de 10 à 12 % de sulfate de fer.

Des cures très heureuses ont permis à des optimistes d'affirmer que ce traitement *in anima vili*, produit un effet immédiat, qu'au bout de 48 heures le reverdissement commence et qu'il redevient complet après quelques jours, si, le badigeonnage fait, on a eu soin de combler bientôt la cuvette. Pour notre part, les essais n'ont pas été aussi brillants, en 1903, sur des Gamays et Pinots greffés sur Riparia.

Dans le traitement de la vigne par les sels de fer en solution, il est à remarquer qu'il y a deux actions en jeu, l'une physique, l'autre chimique, et, sans vouloir entrer dans des détails scientifiques et faire emploi des symboles chimiques, nous pouvons simplement dire ceci : la solution ferrugineuse est entraînée dans la sève refoulée par la taille, d'un autre côté l'action chimique du fer se porte sur les sels de chaux, en surabondance dans la chlorose. La chaux en dissolution est décomposée par le fer, transformée en un corps insoluble par suite d'une double décomposition, en vertu des lois de la chimie minérale. Le carbonate de chaux, à l'état soluble de bicarbonate, perd un équivalent d'acide carbonique, se transforme en sulfate insoluble ou à peu près, et en carbonate ferreux soluble à l'état naissant.

Pourridié.

Cette maladie, quoique appartenant à un autre ordre et à une cause cryptogamique, est engendrée par des champignons dont le développement est dû à l'excès d'humidité du sol.

A première vue, une vigne atteinte du pourridié offre quelque analogie avec la chlorose.

Des ceps rabougris, maladifs, rachitiques forment des taches, qu'à première vue l'on considérerait comme phylloxériques, présentant l'aspect d'une vigne prête à succomber.

Un excès d'humidité du sol, la multiplication dans ce milieu favorable de champignons, sont la cause de ce dépérissement.

Le *Pourridié*, connu en Bourgogne sous le nom de *Blanc* des racines, est causé par une série de champignons parasites, *saprophytes*, dont le mycélium, c'est-à-dire l'organe reproducteur, s'introduit dans les tissus des racines, en désorganise le liber et le ligneux. Le plus connu et le plus étudié de ce petit champignon est le Dematophora necatrix.

L'assainissement par des drainages, des canalisations et la replantation dans des terrains asséchés, ennemis des saprophytes, sont les seuls moyens dont nous disposons pour combattre cette affection cryptogamique.

Mildiou, Black-Rot, Rot gris, |Rot brun, Oïdium, Pourriture grise, Anthracnose.

Toutes ces maladies sont d'origine végétale et produites par des cryptogames vasculaires rarement, mais en général sont cellulaires; elles sont soumises aux variations atmosphériques et leur ère d'expansion est en raison inverse avec la résistance du cépage et les conditions climatériques.

Pour la Bourgogne, notre ennemi le plus cruel est le Mildew ou Mildiou, qui détruit la feuille, altère le grain et pourrit le vin pour ne pas employer un mot plus scientifique.

Vins grêlés, vins mildiousés, sont tristes breuvages! Ces vins ont contracté un goût mauvais, une tare que ni les coupages, ni les traitements, les soutirages ne peuvent faire disparaître.

Longtemps l'on a cru que le Mildew prenait naissance sous la feuille, en raison des germes déposés au pied du cep, sur le sol, sur la végétation parasite de la vigne, telle que mauvaises herbes; aussi, avait-on de tous temps émis le regret de ne pas pouvoir faire les arrosages cupriques de bas en haut; mais aujourd'hui que l'étude et l'observation nous ont appris que le Mildew implante ses germes sur la surface supérieure de la feuille, pour s'implanter dans le parenchyme, le mode de pulvérisation importe peu, pourvu qu'il soit appliqué avec soin.

Le Mildiou, parasite calme dans son évolution primordiale, conquérant fougueux au moment de la grande lutte, s'implante à l'intérieur du tissu parenchymateux, se reproduit dans le tissu, le boursoufle, comme le fait la piqûre de l'Erinose (insecte) ; il désorganise les cellules et apparaît sous la face postérieure sous forme de taches blanches, sous la face antérieure sous forme de tache brune, d'où résultent la décomposition et la destruction de la feuille qui finalement tombe. La grappe pend lamentablement sur le cep dénudé.

La feuille est l'organe respiratoire extérieur ; sa disparition ou son altération fonctionnelle, ne pouvant plus servir de poumon, il s'en suit, forcément, que bois, fruit, plante en général, se trouvent gravement compromis.

Le bois sera mal aoûté, la taille de l'année suivante sera compromise, le raisin n'arrive pas à maturité complète, puisque la feuille est le grand générateur, ou, si l'on veut, le producteur du sucre et que sa fonction physiologique est altérée. La feuille saine et normale respire et fixe du carbone pour former des hydrocarbures oxygénés, ou du sucre dont les éléments constituants sont l'eau et le carbone, c'est-à-dire, oxygène, hydrogène, carbone.

De la feuille, de sa fonction respiratoire, dépend principalement la qualité, la maturation du raisin.

Le mildiou revêt diverses formes ; il s'attaque tantôt seul à la feuille, tantôt simultanément au bois, au fruit.

Le Rot gris est la forme primitive du Mildiou de la grappe, qui attaque les jeunes grains: quand la maladie prend un caractère plus grave, qu'elle attaque les fruits plus avancés au point de les flétrir, en les noircissant, on la désigne sous le nom de Rot brun.

On confond parfois le Rot gris avec l'Oïdium ; il y a pourtant des caractères distinctifs très nets.

Le Mildiou de la grappe, le Rot gris, présente des efflorescences blanchâtres, cotonneuses, s'enlevant facilement au doigt ; l'Oïdium, par contre, recouvre les grumes jeunes ou formées, indistinctement, d'un voile ou d'une poussière d'un blanc grisâtre adhérent, à odeur de moisi.

Que l'on donne le nom de Rot gris, de Rot brun, de Mildew au parasite végétal, le *Peronospera viticola*, peu importe. Ce champignon microscopique élit domicile partout, tout en envahissant de préférence les jeunes pousses tendres, sauf à étendre ses ravages subséquents dans les parties moins délicates. Il prend vie et racine dans le tissu même ; les efflorescences blanchâtres qui apparaissent sur la surface interne de la feuille, sont, en somme, de petits arbuscules chargés d'organes reproducteurs: d'un blanc cristallin,

elles forment de légères saillies assez semblables à de petits amas
de sucre en poudre.

Le germe, ou la graine, prend racine dans le tissu de la surface
extérieure, se développe rapidement si les conditions de température sont favorables (humidité et chaleur modérée); le mal reste
à l'état latent dans le cas contraire et même, s'il se trouve placé
dans des conditions défavorables à son existence, le champignon
se dessèche et meurt, sous l'action de la chaleur et de la sécheresse.

Sous l'effet des brusques changements de température, de la
pluie, du brouillard, de la rosée, les graines ou spores se gonflent,
leurs filaments s'incrustent dans le tissu, ils le traversent pour
venir accomplir leur végétation sur la face inférieure.

Ce mycelium, en d'autres termes ces filaments, se nourrissent au
détriment de la matière parenchymateuse, détruisant la feuille en
la desséchant. Là, gît le grand mal. La feuille meurt, la plante ne
respire plus. Comme nous le disions, les feuilles jouent un rôle
capital dans la plante et dans la vigne, surtout. Elles sont les
poumons de l'organisme végétal, comme, dans le règne animal,
elles sont les organes de respiration qui élaborent les sucs vitaux,
tout comme les poumons vivifient le sang des animaux.

On confond parfois le Mildiou et l'Erinose, en raison de la ressemblance physique des touffes ou filaments blanchâtres que l'on
aperçoit sous la feuille; leur origine est bien différente : dans
l'Erinose les taches blanches du dessous de la feuille et la boursouflure du dessus sont le résultat de la piqûre d'un insecte acarien, le
Phyloptris vitis; dans le Mildiou, le mal est causé par le *Peronospera*.
Autre caractère différentiel : dans l'Erinose la boursouflure ne
change guère, elle reste longtemps verte ; dans le Mildiou, la tache
en relief ne tarde pas à passer du jaune au brun, offrant à la partie
correspondante du dessous de la feuille les bâtonnets blancs; ces
organes reproducteurs s'enlèvent facilement sous le frottement du
doigt; dans l'Erinose, ces quasi-efflorescences, qui ne sont autre
chose que des cellules épidermiques transformées par la piqûre de
l'acarien, ces poils sont très adhérents.

Traitement.

Le traitement des maladies cryptogamiques peut être préventif et
curatif et basé sur l'emploi de substances d'ordre végétal ou
minéral, sels de cuivre, de mercure, de manganèse, ou composés
organiques, tels que : goudron et ses dérivés, phénol, lysol, etc.
Toutefois, hâtons-nous de le dire, les sels de cuivre, les préparations
cupriques en général, remportent la palme, comme remède préventif
du Mildew.

4

L'efficacité des sels de cuivre est incontestée à cette heure ; les insuccès même nombreux n'infirment en rien leur valeur ; il y a, dans l'application judicieuse et salutaire de ces remèdes tant d'impedimenta qu'il est aisé de reconnaître que succès et insuccès sont subordonnés à bien des causes.

On emploie les sels de cuivre sous formes diverses, savoir :

Liquide : Bouillies à la soude, à la potasse, à la chaux, au sucre, à la colophane, etc., etc. ;

Solide ou pulvérulente : le verdet, le sulfostéatite cuprique, les poudres sulfureuses insecticides et parasiticides, etc., etc.

A notre avis, les préparations arsenicales, mercurielles, outre le grave danger qu'elles présentent entre les mains des manipulateurs, ne sauront jamais détrôner les vertus d'efficacité préventive des sels de cuivre.

De patientes recherches, de minutieuses analyses nous démontrent que l'absorption d'un millième de cuivre en dissolution par les organes floraux ou foliacés, suffit pour enrayer, arrêter le développement du champignon. Donc, pour qu'une préparation cuprique soit efficace, il est nécessaire qu'elle contienne ou qu'elle puisse, à un moment donné, fournir une quantité rationnelle de cuivre en solution. L'efficacité du remède dépend beaucoup de sa composition. La pureté de la matière première, le cuivre sous forme de sulfate, d'acétate, joue un grand rôle ; il est de toute importance de reléguer pour le chaulage des blés, ces sulfates à aspect terne, renfermant du zinc et du fer, agents inefficaces, et de n'employer que des sulfates de cuivre (vitriol bleu) de bonne marque, garantis. L'emploi des sels de cuivre a pris, dans ces derniers temps, une telle extension, que la falsification, le lucre, n'ont pas manqué de jeter dans le commerce des produits impurs, de valeur bien médiocre.

Ces falsifications ont attiré l'attention non seulement des viticulteurs, des syndicats, mais encore celle des autorités gouvernementales, de plus, donné lieu à des interpellations à la Chambre. Par l'organe de l'honorable Dr Ricard. le sénateur de la Côte-d'Or, si dévoué aux intérêts viticoles, un projet de loi réglementant les peines et amendes dans la vente des produits cupriques, falsifiés ou impurs, a été, dès 1902, déposé et admis.

Que si nous essayons maintenant de demêler les opinions et les avis divers sur la nécessité et l'utilité des traitements cupriques, que conclurons-nous ? Approbations d'une part, hésitations d'une autre ! Rétablissant les faits, disons ceci : Le mildew, comme la plupart des affections cryptogamiques, a une manière d'être, de se former, de se porter et de savoir déjouer nos attaques dans cette lutte du grand au petit. Ce qui est indiscutable, c'est l'efficacité du cuivre, son application comme remède préventif, à temps opportun, son introduction à l'état soluble dans l'organisme.

Combien de fois ne voyons-nous pas, et n'avons-nous pas vu, telle vigne sulfatée peu ou pas, se porter aussi allègrement que sa voisine qui aura reçu plusieurs traitements ? Qu'en conclure ? Le mildew avait disparu, la sécheresse ou une température favorable avait annihilé son pouvoir, son évolution avait été enrayée, et à ce moment, l'arrosage n'avait pas sa raison d'être. On sait, du reste, que des vignerons, guidés par un hasard aveugle, arrivent parfois à sauver leur récolte par un seul traitement, souvent plus ou moins bien fait, tandis que d'autres perdent leur récolte ou ne recueillent que des vins mildiousés, malgré deux ou trois traitements bien faits. J'ai été moi-même victime de cette anomalie, ma perspicacité a été mise en défaut, tout comme chez le sceptique. L'immunité ne dépend donc pas du plus ou moins grand nombre des traitements, des solutions plus ou moins fortes, mais bien du moment opportun de l'application.

L'année 1902, année à mildew, a été fatale dans la plupart des régions de la Bourgogne. Le mildew craint la chaleur, la sécheresse ; il aime, par contre, les brusques abaissements de température, l'humidité qui est son champ d'éclosion, de propagation. Toutes ces conditions se trouvaient réunies à son avantage lorsque les pulvérisations vinrent ou essayèrent de combattre, trop tard, hélas ! le mal qui sévissait en plein. La lutte préventive devenait fatalement caduque.

S'il est indiqué de ne pas arroser ou pulvériser les vignes pendant la pluie, ou par des vents violents, qui font perdre les substances ou entraînent, sans profit, les solutions ou les poudres, il serait logique, par contre, d'utiliser les moments de rosée, de *brouillasses*, alors que la surface épidermique de la plante, imbibée, humectée, est à même d'absorber efficacement le liquide ou la poudre.

Une surface sèche, grillée par le soleil, desséchée par le vent chaud, n'aura jamais la puissance de pénétration voulue.

Résumons, aussi succinctement que possible, les formules et les compositions des remèdes contre le mildiou.

D'une bonne préparation, dépend l'efficacité du remède, qu'elle résulte de l'emploi de poudres ou de liquides commerciaux, de celui de bouillies préparées à domicile ; peu importe, l'essentiel est que la préparation soit bien faite et fraîche.

Quoiqu'il soit plus avantageux de préparer soi-même les bouillies, nous ne saurions ni ne voudrions dédaigner certaines préparations commerciales : il peut arriver fréquemment qu'un vigneron mal outillé et peu au courant des manipulations, prépare un mélange de peu de valeur et inférieur à celui que lui procurera le commerce sous forme de poudres dosées par paquets ou de solutions cupro-ammoniacales, livrées sous le nom d'Eau céleste, d'Eau bleue, d'Azurine, etc.

En Bourgogne, on utilise concurremment les bouillies à la chaux, à la soude (désignée à tort sous le nom de potasse). La potasse est du carbonate à base potassique, tandis que la soude (cristaux ou soude Solvay) est un sel sodique soit du carbonate de soude avec plus ou moins d'équivalents d'eau ; aussi est-il nécessaire de doubler le poids de la soude, si l'on prend le produit appelé cristaux, qui renferme 60 % d'eau, alors que la soude de Solvay, appelée en Bourgogne improprement Potasse, n'en renferme que 20 % environ.

Les deux bouillies ont leurs avantages, leurs inconvénients ; toutefois la bouillie bordelaise, à la chaux, semble être plus en faveur que celle à la soude dite bouillie bourguignonne. La bouillie à la soude n'encrasse pas les appareils, n'engorge pas le jet, comme le fait la bouillie à la chaux, mal préparée, en raison de la difficulté qu'il y a de trouver une chaux vive bien calcinée, non pierreuse ; elle revient à un prix plus élevé et *marque moins*, comme l'on dit.

Pour obtenir une bonne bouillie bordelaise, il faut, dans le cas où la chaux grasse, en morceaux, laisse à désirer, plonger la pierre dans trois fois son poids d'eau, dans un bac quelconque et ne se servir que de la partie du dessus, laissant au fond la couche souillée de débris de sable ou grains étrangers, d'impuretés.

L'opération deviendrait très simple, si l'on avait à sa disposition une chaux fine, bien dosée; malheureusement les meilleures marques laissent toutes à désirer.

Suivant les proportions et la pureté des produits, les bouillies seront acides, alcalines ou neutres.

Dans la bouillie acide, l'acide sulfurique du sulfate de cuivre est en excès ; dans la bouillie alcaline, l'inverse a lieu, il y a excès d'alcali ou base alcaline, chaux, soude, potasse ; dans les bouillies neutres, aucun des ingrédients ne domine et c'est à elles qu'on doit la préférence, vu que les bouillies acides *brûlent*, surtout si l'on opère par la sécheresse, les feuilles et les organes de la vigne, que celles fortement basiques sont peu adhérentes et ne deviennent efficaces, actives, qu'au moment où l'hydrate d'oxyde de cuivre se trouvera débarrassé de son enrobage basique.

Voici les proportions pour la préparation des diverses bouillies.

BOUILLIE BOURGUIGNONNE

	Premier traitement.	Traitements postérieurs.
Sulfate de cuivre...............	1 k. 500	2 kilos
Soude (cristaux)...	3 kilos.	4 kilos
Eau 1 hectolitre.		

Disposer le sel de cuivre soit dans une corbeille, ou dans un nouet en toile, le suspendre soit avec une ficelle, un bâton, dans un récipient avec la moitié de l'eau ; d'autre part, faire fondre à part les cristaux de soude dans l'autre partie d'eau, puis verser cette solution dans celle du cuivre, en agitant vivement pour obtenir un précipité uniforme, ténu. Remarque importante : Opérer avec des solutions froides, la chaleur ne pouvant que former trop rapidement des cristaux d'hydrocarbonate de cuivre, lesquels cristaux sont moins actifs que le précipité léger.

Si au lieu de cristaux de soude, on emploie la soude sèche de Solvay, il suffira de prendre parties égales de sels de cuivre et de soude.

Les cristaux de soude que fournit le commerce renferment parfois de telles quantités d'eau de cristallisation que les poids indiqués dans la formule ci-dessus, savoir trois et quatre kilos, ne neutralisent pas l'excès d'acide de la solution de cuivre et qu'au lieu d'obtenir une bouillie neutre, on n'ait qu'une bouillie acide, ce dont on s'assure facilement en y trempant une bandelette de papier bleu de tournesol qui rougira s'il y a acidité, restera bleu, si la soude domine, ce qui arrive rarement.

La constatation de l'alcalinité ou persistance du bleu par le papier de tournesol est quelque peu difficile ; nous possédons un réactif bien plus sûr et plus facile à distinguer, en un produit secondaire de la houille, la *Phénolphtaléine*. Ce réactif est d'une sensibilité extrême et sa préparation est moins coûteuse et plus facile que celle du tournesol.

On dissout à froid dans un verre ou un vase à large ouverture trois grammes de Phénolphtaléine dans cent grammes d'alcool à brûler, on y trempe des bandes de papier buvard blanc, qu'on étend sur des ficelles.

Le papier est blanc, et rougit instantanément, trempé dans un liquide alcalin, soude, chaux, potasse. Ces deux papiers réactifs concourent au même but ; le tournesol rougit par les acides, bleuit par les bases, la phtaléine du phénol reste blanche par les acides et rougit par les bases ou alcalis.

Ces indications nous permettent d'obtenir les bouillies neutres, soit en ajoutant de l'une ou de l'autre solution jusqu'à neutralité.

Les bouillies, les solutions quelconques, doivent leur activité à l'élément cuivre, soit qu'il y figure à l'état de sulfate, d'oxyde, de carbonate hydraté, soit d'ammoniure de cuivre, comme dans l'Eau céleste, dans l'Azurine, soit d'acétate dans les préparations à base de verdet, et autres poudres.

Dans la préparation de la bouillie bourguignonne, il se forme un précipité d'hydrocarbonate de cuivre, amorphe, d'autant plus actif, que le produit est plus récent, qu'il est plus soluble en un mot que cet hybrocarbonate, produit d'une double décomposition, reste le plus longtemps à l'état amorphe. Suivant les lois de la chimie, il se forme du sous-carbonate de cuivre hydraté (soluble) et du sulfate de soude dans les termes chimiques ci-dessous :

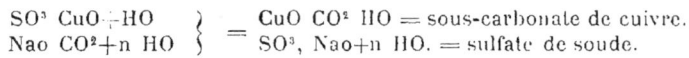

$$\left.\begin{array}{l} SO^3\ CuO + HO \\ Nao\ CO^2 + n\ HO \end{array}\right\} = \begin{array}{l} CuO\ CO^2\ HO = \text{sous-carbonate de cuivre.} \\ SO^3,\ Nao + n\ HO. = \text{sulfate de soude.} \end{array}$$

Bouillie bordelaise.

La bouillie à la chaux est la préférée en Bourgogne, non pas à cause de son prix de revient inférieur, mais parce que sa préparation facile, son pouvoir adhésif *et marquant* compensent les inconvénients de l'encrassage.

Les proportions pour un hectolitre sont les mêmes que dans la préparation bourguignonne, savoir :

Sulfate de cuivre......	1 k. 500	2 kil.	**3 kil.**
Chaux en pierre.....	0 k. 500	0 k. 700	1 kil.
ou			
Chaux éteinte en pâte au 1/4			
Eau 3 parties.............	2 kil.	2 k. 800	4 kil.
Chaux 1 partie............			

Théoriquement il faut pour neutraliser 1 kilo de sulfate de cuivre 225 grammes de *chaux anhydre* ; mais, dans la pratique, il est bon de majorer, vu que la chaux peut être plus ou moins pure et renfermer de l'humidité.

Le mode de préparation est le même que dans le cas précédent, en ayant soin de verser le lait de chaux dans la solution de cuivre (ne pas faire l'inverse), sauf à vérifier au papier réactif le mélange.

Par l'emploi de la chaux, la réaction est la suivante :

Formation d'un précipité léger floconneux d'hydrate d'oxyde de cuivre et de sulfate de chaux.

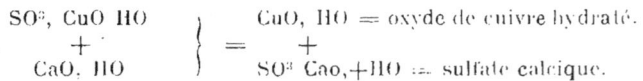

$$\left.\begin{array}{l} SO^3,\ CuO\ HO \\ + \\ CaO,\ HO \end{array}\right\} = \begin{array}{l} CuO,\ HO = \text{oxyde de cuivre hydraté.} \\ + \\ SO^3\ Cao, + HO = \text{sulfate calcique.} \end{array}$$

Pour les petites exploitations à personnel restreint, à outillages défectueux ou absents, l'emploi des solutions cupriques offertes par le commerce, sous le nom d'Azurine, d'Eau céleste, d'Eau bleue, sont en faveur. La main-d'œuvre est simplifiée, la préparation rapide, puisqu'il suffit de mélanger une certaine quantité de la solution mère (1 à 2 litres) par hectolitre, à l'eau ou mieux encore, de se servir d'un flacon gradué donnant la proportion à ajouter à l'eau de l'appareil pulvérisateur, soit 1 et 1/2 décilitre ou 15 centilitres pour la contenance de 15 litres, ou le double si l'on porte la dose à 2 litres par hectolitre.

Dans ces solutions, le cuivre se trouve à l'état d'ammoniure de cuivre mélangé à de l'oxyde cuprique (sous-oxyde). Les pulvérisations sèches à l'acétate de cuivre, aux compositions diverses, toujours à base de cuivre, ont aussi leurs partisans, malgré le prix de revient plus élevé. A part quelques climats où l'eau est rare, la Bourgogne emploie peu les poudres, telles que le sulfostéatite, mélange de talc (silico-aluminate de magnésie) et de sulfate de cuivre, les verdets à 24 0/0, les verdets neutres ou acétates basiques à 32 0/0 de cuivre, appliqués par voie humide dans les proportions de 7 à 800 grammes par hectolitre.

Pour mémoire, nous citerons encore l'emploi des solutions étendues de Lysol (solution alcaline de phénol) ; ce produit est plutôt un insecticide, fort utile en horticulture, mais dont l'activité, dans le traitement du mildiou, devient quelque peu problématique.

Le cuivre est et restera, jusqu'à nouvel ordre, le remède par excellence.

Quelles sont les quantités à employer, à quel moment doit-on faire les pulvérisations, combien de fois doit-on renouveler les opérations ? La réponse est subordonnée à bien des aléas.

L'expérience nous apprend qu'il faut en moyenne un hectolitre de bouillie pour cinq ouvrées en vignes fortes et la moitié pour une jeune vigne de moins de trois ans, soit quatre ou deux hectolitres par hectare.

En Bourgogne, on se contente de faire deux arrosages (rarement trois), le premier dans le commencement de juin, le deuxième, trois semaines après, dans la première quinzaine de juillet. Dans les années où il y a peu ou pas de mildew, cela suffit ; mais dans les périodes de forte invasion une troisième et une quatrième opération ne seraient de trop. La prudence impose, pour le moins, trois opérations : la première lors de l'apparition des premières feuilles, la deuxième après la fleur, la troisième au moment de la variation de la grume. Ces époques ne comportent de règles fixes ; car le mildiou peut, dès la fin avril, se trouver à l'état latent, somnolent, sauf à prendre son élan en mai, juin, juillet, sous l'action des intermittences atmosphériques et des vents du Midi.

Quand on songe combien est traîtresse l'invasion du mildiou, on ne saurait assez se tenir sur le guet, et s'empresser de faire un traitement sérieux, initial, préventif, sur chaque rang pris à gauche en montant et en descendant de manière à atteindre toutes les parties de la plante. Il est nécessaire (répétons-le) de traiter chaque raie en deux fois gauche et droite. Un seul arrosage ainsi fait, vaudra mieux que deux ou trois autres faits au pas de course et balancement de la lance de droite et de gauche.

Black-rot.

Originaire d'Amérique, le Black-rot, signalé pour la première fois en 1885, est une maladie cryptogamique causée par un champignon le Guignardii Bidvellii ; il exerce des ravages très considérables dans la région sud-ouest surtout, en anéantissant la récolte dans un court laps de temps. Il est moins répandu que le mildew. Quoique signalé dans le Beaujolais, depuis quelques années, il n'a fait, en ce qui concerne notre région chalonnaise, qu'une faible et timide apparition aux environs de Buxy, en 1898, tout isolée, tout comme, en 1894, à Digoin, Romanèche.

Le mal débute généralement par les feuilles jeunes, tendres, se manifeste par des taches à peu près circulaires en forme de têtes d'épingles, de pointillages, pouvant atteindre rapidement la grosseur d'une lentille ordinaire. Ces taches se recouvrent ensuite de points noirs qui sont les spores ou graines, passant à la nuance noire après celle de feuille morte. Cette transformation de couleur est caractéristique.

Le Black-rot ne s'étend pas sous la feuille, mais gagne rapidement le raisin ou simultanément les pousses fraîches, à épiderme tendre. La grume se tache, se ride, se détache sans se fendiller, présentant cet aspect spécifique, bleu noirâtre. Le mal est parfois si rapide que quelques heures, 48 heures seulement, suffisent pour anéantir la récolte. Le mal revêt un caractère foudroyant.

Le Black-rot a besoin, pour se développer, de trois conditions :

Température élevée d'environ 28 à 30 degrés ;

Humidité modérée ;

Coups de soleil violents, succédant à des brumes, brouillards et ondées ; il a plusieurs périodes d'invasion, et la durée dépend généralement de la période pluvieuse qui l'a produite et de l'intensité du foyer.

Les sels de cuivre constituent le remède préventif : les bouillies neutres à 3 0/0 largement et soigneusement employées enrayent avec succès la maladie, quoique la lutte soit plus dure que celle contre le mildew.

Comme curatif, nous n'avons qu'un moyen radical à notre disposition. « Le feu détruit tout, » c'est de brûler feuilles, fruits, herbes contaminés, et, en général, toute partie végétative portant les germes ou spores reproducteurs.

Oïdium.

L'oïdium est d'origine cryptogamique, connue depuis longtemps et étudiée dès 1845, sous le nom d'Oïdium Tuckeri, champignon de la tribu des oïdiés, qui a une affection tout spéciale pour la vigne.

Le type oïdium a de nombreux représentants; ce sont des moisissures qui se développent sur les substances végétales et animales: une espèce, a, dans ces dernières années, acquis, sous le nom d'oïdium de Tucker, une fâcheuse célébrité en élisant domicile dans la vigne principalement, son nourricier préféré.

Ce champignon parasite émet des filaments de mycélium qui rampent à la surface des organes, se nourrissent à l'aide de suçoirs, et présentent ainsi l'aspect d'une moisissure d'un gris blanchâtre, à odeur *sui generis*, odeur de moisi, vraie.

Le moisi atteint le ligneux ainsi que le fruit. La peau du raisin se recouvre d'un voile blanchâtre, elle semble comme poudrée de cendre grise : le champignon s'implante, fait éclater le fruit, le fend en boutonnières, le jus se perd, s'altère, la grume se fane et périt.

Le mal apparaît ordinairement à la fin de mai ou au commencement de juin, et attaque dès ce moment, de préférence, les treilles à chasselas; de blanchâtre au commencement, cette efflorescence tourne peu à peu au gris et finalement au noir. De tous les remèdes préconisés, le soufre seul a été reconnu comme préservatif et curatif certains. Comme, en toutes choses, il vaut mieux prévenir que guérir, il est indiqué de pulvériser le soufre dès l'apparition des pousses et avant la floraison, bien entendu. Non seulement le soufre en émettant de l'acide sulfureux ou anhydrique sulfureux tue les germes naissants, mais préserve des attaques subséquentes.

On emploie le soufre en poudre, soufre précipité ou soufre en fleurs (fleurs de soufre du commerce), sous diverses formes; à l'état pulvérulent au moyen du soufflet, de la torpille; si possible, les pulvérisations doivent être faites, le matin, par un temps calme, de manière à ne pas projeter au vent des quantités sans effet utile; l'élévation de température, par la chaleur solaire de la journée, amènera la décomposition du soufre en acide sulfureux, l'agent actif de ce produit.

On a proposé l'emploi du soufre en pulvérisations liquides, soit soufre mouillable, soit sous forme de solutions sulfureuses salines, sulfures et polysulfures de potassium, de sodium; mais l'avantage reste et restera toujours aux pulvérisations sèches du soufre en poudre.

Dans ces derniers temps on a proposé, comme traitement mixte de l'oïdium et du mildew, lorsque ces deux fléaux existent simultanément, des bouillies cupriques, soufrées, contenant le soufre en suspension, et d'autres préparations au cuivre, tenant en dissolution du permanganate de potasse.

La préparation de la bouillie mixte au soufre n'est pas facile, à moins d'avoir à sa disposition du soufre *dit mouillable* qui n'est autre chose qu'un mélange de soufre et d'un sel de soude. Dans le cas contraire cette préparation nécessite le tour de main que voici : Le soufre en poudre n'est pas miscible à l'eau, il se met en grumeaux

ou surnage. Pour arriver à le délayer et obtenir un mélange homogène n'engorgeant pas les appareils, il suffit d'introduire le soufre
(1 k. 500 par hectolitre de bouillie) dans le lait de chaux épais,
pâteux, destiné à la bouillie bordelaise, de le brasser, le malaxer à
la spatule de manière à obtenir un mélange bien homogène qu'on
délaye peu à peu avec de l'eau en quantité suffisante pour pouvoir
le passer à travers un tamis ou une toile à grosses mailles tendue
sur un carrelet ou directement sur le récipient, de manière à retenir
les impuretés, bois, sable, etc., etc., qui pourraient s'y trouver. Ce
mélange de soufre et de chaux est alors versé dans la solution de
sulfate de cuivre, sous agitation, comme dans la préparation
de la bouillie simple.

L'application de cette bouillie mixte, dans les maladies connexes
de l'oïdium et du mildew, a l'avantage d'être moins dispendieuse,
d'épargner la main-d'œuvre ; mais, jusqu'ici, la palme du succès
revient au traitement individuel.

Les bouillies mixtes au permanganate de potasse, à raison de
120 grammes par hectolitre, tendant au même but, dans le même
ordre d'idées, elles peuvent être considérées comme curatives ; le
sel de manganèse agissant comme destructeur plutôt que comme
préservateur.

Dans le traitement de l'oïdium, dans les attaques violentes du
mal, la supériorité du permanganate de potasse est incontestable,
comme le prouvent les essais contradictoires faits en 1903, dans les
vignobles de la côte de Chassagne.

Voici les proportions indiquées par le savant professeur du
syndicat de Chalon, M. Truchot, pour la préparation d'un hectolitre.
120 à 150 grammes pour 100 litres d'eau aussi pure que possible,
à dissoudre dans un vase métallique ou un vase en terre.

Le permanganate de potasse est un puissant oxydant, qui, au
contact des substances organiques, végétales, se décompose en
oxyde manganeux, abandonne de l oxygène *qui brûle*, comme l'on
dit vulgairement, les matières végétales, détruit les champignons
cryptogames. En terme de chimie, c'est un agent de réduction.

Un des grands avantages du permanganate de potasse est de
pouvoir être employé, là où le soufre exerce une action destructive,
comme dans certains plants américains, et en particulier l'Othello,
qui ne supportent absolument pas la sulfuration. Il y a bel âge, du
reste, que nous entendons nos vignerons, dire : le soufre fait
crever l'Othello ; ils ont raison.

Anthracnose.

L'Anthracnose, ou maladie noire, du charbon du mot grec
Ανθραξ, charbon, est une maladie fort anciennement connue en
Europe, répandue dans les vignobles du monde entier, sur le
nouveau comme sur l'ancien continent.

C'est surtout dans le bassin méditerranéen qu'elle exerce ses ravages : le Languedoc, la Garonne, la Provence, vallée du Rhône, et s'attache surtout aux vignes de la plaine. L'anthracnose revêt trois formes principales : A, ponctuée, A, maculée, A, déformante. Ces deux dernières sont les plus dangereuses.

Dans ces cas, la souche languit, les rameaux se dessèchent, les raisins couverts de taches noires éclatent, et enfin la vigne périt au bout de quelques années.

L'anthracnose s'attaque de préférence aux cépages tels que Portugais bleu, les muscats, les hybrides Bouschets ; ces cépages n'ont que peu ou pas de représentants en Bourgogne, abandonnés depuis plusieurs années, et remplacés par les diverses variétés de Gamay, à jus blanc et rouge, sur greffes.

La forme maculée est, à vrai dire, la plus dangereuse; elle apparaît sur les rameaux verts, sous forme de petits points isolés, qui brunissent et finalement noircissent. Le champignon, alors, agit comme un chancre rongeur, envahit les pousses, les fruits, et les ronge jusqu'à la moelle ou jusqu'aux pépins.

Les traitements sont préventifs, ils ne sauraient être curatifs.

Ils consistent principalement en traitements d'hiver, par des pulvérisations goudronneuses, par des solutions à 5 0/0 de lysol. (Ce lysol est un savon phéniqué ou produit de la saturation des acides bruts du phénol par la soude), ou par le badigeonnage des parties ligneuses avec une solution de 30 à 35 kilos de sulfate de fer par hectolitre d'eau acidifiée, en ajoutant peu à peu, avec précaution et en remuant, 1 litre d'acide sulfurique du commerce.

A tout hasard, on a essayé comme moyen curatif, les pulvérisations d'un mélange de soufre et de chaux, du soufre pur, et enfin, d'épandage de chaux en poudre.

Comme, dans nos régions bourguignonnes, le mal n'a été que localement et partiellement constaté sur certains Bouschet, Portugais bleu, nous n'insisterons pas davantage sur ce sujet, ni sur la confusion basée sur la consonance, qui, parfois, existe entre l'Anthracnose et l'Erinose.

Pourriture grise. — Pourriture verte.

De tous temps l'on connaissait la pourriture verte ; il n'en est pas de même de la pourriture grise qui, depuis quelques années, s'est montrée meurtrière et rebelle à tout traitement.

Le champignon de la pourriture grise, le Botrytis cinerea, vit un peu partout, les années humides, sur les végétaux en décomposition. L'humidité et la chaleur sont nécessaires à sa propagation; les vents et la sécheresse lui sont contraires.

Il est facile de s'en rendre compte en examinant les grappes qui sont d'autant plus atteintes qu'elles sont placées bas, à proximité du sol, recouvertes par le feuillage, où l'air, la lumière, circulent imparfaitement.

Suivant les localités, la nature du sol, l'état atmosphérique, la pourriture grise attaque le raisin, sans le détruire, le dessèche, le rôtit en quelque sorte et, dans ce cas, elle prend dans le Bordelais, le nom de *pourriture noble*.

De cette dessiccation partielle du grain, il résulte une évaporation des sucs aqueux ; une partie des acides du jus se modifie, se transforme en sucre ; la qualité s'améliore, mais la quantité diminue.

Hélas ! les choses ne se passent pas toujours ainsi : ce même Botrytis, mystérieux Protée, perd ses qualités de noblesse, vilipende ses quartiers, pour devenir ailleurs, dans notre Bourgogne entre autres, un vulgaire détrousseur et occasionner moult déboires au vigneron. La casse des vins est le fait d'une de ses prouesses.

La casse des vins rouges, la casse des vins blancs, le plombage ou noircissement de ces vins est due, entièrement pour ainsi dire, au Botrytis. Le ferment du champignon est *une zymase*, en d'autres termes, un ferment soluble, à qui l'on donne le nom *d'oxydase*, qui agit nocivement et altère les composés du vin, et surtout les matières colorantes et tannoïdes. Nous aurons occasion de nous étendre plus longuement sur le rôle néfaste du champignon, dans le chapitre consacré à la vinification. Qu'il nous suffise de dire que le Botrytis, ou la pourriture grise, donne moins de mécomptes encore que la pourriture verte, due à un autre champignon, le Penicillium glaucum. En effet, le vin atteint par la pourriture grise, peut, après un traitement sulfureux, se corriger, redevenir *marchand* ; tandis que le goût de moisi de la pourriture verte persiste, et, malgré tout, cuvage en fûts, jetées par la bonde, laisse à la dégustation ce goût de moisi ou de pourri.

MALADIES PARASITAIRES

Parasites animaux. — Phylloxéra. Vers blancs, Eumolpe ou Gribouri, Altise, Pyrale, Cochylis, Eudemis.

Le nombre des insectes ampélophages est si grand, que nous ne saurions, dans un aperçu aussi restreint, que nous occuper des principaux hospitalisés anciens ou nouveaux de notre Bourgogne.

En tête, nous voyons le plus terrible de tous, le Phylloxéra-Vastatrix. Ce fléau nous vient du nouveau monde, et a été importé en Europe par les cépages américains. En quelques années, il a occasionné la ruine de la viticulture française et des désastres financiers incalculables.

Vouloir faire la genèse, décrire la nature, les effets de ce mal, est un sujet ressassé que nous n'entreprendrons pas de traiter.

Jusqu'à cette heure, le phylloxéra n'a pu être combattu efficacement; c'est un nouvel arrivé, un voisin incommode dont nous devons forcément nous accommoder, faute de mieux, en lui jetant en pâture des cépages à racines plus résistantes, que celles du vinifera, de manière à limiter sa prolification souterraine extraordinaire, tout en essayant, par les insecticides, les sulfures liquides, les poudres, les engrais, les sulfocarbonates, à la destruction sinon radicale, du moins partielle de l'animal.

Quelques lignes suffiront pour nous édifier sur la triste célébrité de cet insecte qui apparut, pour la première fois, en 1863, dans la vallée du Rhône. Dès 1869 le département du Vaucluse, avait le tiers de ses vignes détruites ; ce n'est pourtant qu'en 1872, que l'insecte a été déterminé, étudié et décrit par le professeur Planchon, de Montpellier.

Continuant ses pérégrinations souterraines et aériennes en suivant la vallée du Rhône, l'insecte a gagné par le Sud au Nord, le littoral de la Méditerranée, puis la Gironde, les Charentes, la vallée de la Saône, la Bourgogne, le Jura, la Suisse, la Champagne, la vallée de la Meuse, la vallée de la Moselle, du Rhin, où, dès 1893, sa présence a été signalée en Alsace.

Le Phylloxéra est un petit insecte visible à la loupe, de l'ordre des pucerons, élisant domicile sur les radicelles des vignes, s'y multipliant avec une fécondité telle qu'elles nous apparaissent comme recouvertes d'une seconde écorce. Il vit du suc de ces radicelles, il en suce la sève, arrête le développement du cep qui meurt épuisé. Passant d'un cep à l'autre, le foyer d'infection s'élargit, la tache phylloxérique s'agrandit.

Sa vie est aérienne et souterraine ; puceron sous terre, il apparaît insecte ailé hors terre. La femelle, rappelant la cigale en miniature, joue un grand rôle dans la propagation de cette espèce maudite, sa dissémination par le vent, le vol à distances. La femelle fécondée pond un œuf unique, dit œuf d'hiver, sous l'écorce d'un cep ; de cet œuf, presque aussi gros que l'insecte lui-même, éclot au printemps, un individu qui, non ailé, descend sur les racines et y dépose ses œufs.

En résumé, le cycle de la production s'accomplit en la même année, de l'œuf d'hiver, agent de la régénération du parasite, aux individus sexués, en passant par l'insecte aptère (sans ailes) qui est le dévastateur souterrain proprement dit, par la nymphe et l'ailé ! Les œufs d'hiver donnent naissance, au printemps, aux insectes sans ailes, vierges mères ; des mues subséquentes ces mères aptères, sans ailes, deviennent pondeuses sans accouplement préalable. Ces générations d'aptères se succèdent si rapidement, que bientôt les racines, les radicelles présentent des accumulations, des paquets, des nodosités, produites par ces pucerons qui, armés de vraies trompes, pompent le suc et épuisent la vigne. La vigne meurt non seulement par la perte de la sève, qui s'écoule par les blessures et par la succion de l'insecte, mais encore par hémorragie et pourriture.

En été, juillet, août, certains phylloxéras, au lieu de se transformer en mères pondeuses, subissent un plus grand nombre de mues, passent à l'état de nymphes et deviennent ailés en sortant de terre.

Dans cet état, l'insecte pond deux sortes d'œufs sur les feuilles, d'où naîtront mâles et femelles. C'est de ce nid, de cette galle, facilement reconnaissable sur la feuille de l'Othello, que sortiront les insectes sexués qui, en s'accouplant, reproduiront la ponte de l'œuf d'hiver, destiné, comme nous l'avons dit, à perpétuer et à rénover l'espèce.

Sans nous étendre davantage sur la description de ce fléau, constatons encore que la multiplication de l'insecte est vraiment effrayante, sachant que dans une période de cinq à six mois, un seul phylloxéra peut être la souche de cinq générations successives, donnant naissance à 12,000,000 d'individus.

On connaît les vertus insecticides des sulfures, des sulfocarbonates, l'efficacité des injections du sulfure de carbone dont les vapeurs asphyxiantes amènent la mort du puceron, mais ces remèdes ne constituent que de faibles palliatifs sans opérer une destruction radicale de l'insecte qui se multiplie moins rapidement, ses rangs ayant été décimés.

C'est ainsi, qu'après 15 ou 20 ans, nous trouvons encore en Bourgogne certaines plantations anciennes, qu'on est parvenu à entretenir en une vitalité relative, grâce à des injections de sulfure de carbone, au nombre de quatre kilos par mètre carré et par l'emploi de 400 kilos environ par hectare.

Hanneton.

En dehors du grand dévastateur, le Phylloxéra, un ennemi particulièrement nuisible par ses ravages dans les jeunes plantations, les pépinières, est le Hanneton, dont les larves, parvenues à l'état de vers blancs, ou mans, s'attaquent aux racines, pendant leur vie souterraine, et compromettent souvent des plantations entières de racinés.

L'apparition du hanneton est triennale : c'est à l'origine qu'on devra s'attaquer, qu'on devra chercher à détruire le coléoptère lors de sa vie aérienne.

Le moyen le plus efficace de limiter la prolification, d'enrayer le mal à sa source, est le hannetonage pendant le jour, par un temps sec et chaud ; contrairement à ce qui se passe pour les insectes en général, la chaleur semble engourdir le hanneton occupé à dévorer les feuilles de la plante sur laquelle il a élu domicile, et ce n'est qu'à la tombée de la nuit qu'il prend son vol assourdissant et ses ébats.

Des primes devraient être allouées par les municipalités pour la destruction en masse du hanneton, là où l'initiative privée laisse à désirer. L'agriculture, en général, en tirerait grand profit.

On avait, il y a près de 10 ans déjà, suivant les recherches de M. Le Mouet, proposé comme moyen de destruction, la culture d'un champignon parasite du ver blanc, le *Botrytis tenella* ; les essais entrepris dès 1894 en Alsace et en France, n'ont pas été suivis de résultats favorables, étant donné que, pour être efficace, cette contamination, ou en d'autres termes, cette culture du champignon parasite devrait être constante et artificielle, chose peu pratique. Mieux vaut donc s'en tenir au hannetonnage, opérer préventivement, que d'attaquer le mal déjà fait : morte la bête, mort le venin. Détruisons donc, avant tout, le coléoptère pondeur, lors de sa vie aérienne.

Altise.

L'Altise ou *Bleuette*, *puceralle*, puce de la vigne, est un coléoptère vert foncé, bleuâtre parfois, long de 4 à 5 millimètres, qui s'attaque aux feuilles, aux bourgeons, causant ainsi de grands ravages, dans le Midi surtout, alors qu'il est peu ou pas connu dans nos régions. L'Altise pond ses œufs d'où naissent de petits vers noirs, qui, doués d'un appétit féroce, dévorent feuilles, sarments et fruits.

La larve adulte se transforme en chrysalide, puis en insecte parfait pouvant produire dans l'année, pendant l'été, plusieurs générations. La destruction de cet insecte n'est pas facile ; on arrive toujours à de bons résultats, en lui ménageant, en automne, après la chute des feuilles, des abris artificiels où il se réfugie, par exemple des capuchons de paille (paillons à emballage de bouteilles), placés de distance en distance sur les sarments. L'ébouillantage ou la destruction par le feu de ces pièges terminent l'opération qui, comme on le voit, est longue, dispendieuse, même peu commode.

Aussi a-t-on eu recours aux pulvérisations de pétrole en émulsion. On obtient de bons résultats, par l'emploi d'un liquide composé ainsi :

Dans un bac, brassez vivement trois kilos savon noir (savon mou à la potasse) avec deux litres de pétrole ordinaire et un demi-litre d'alcool à brûler ; à ce mélange intime ajoutez peu à peu en remuant avec un outil ou une spatule, quantité suffisante d'eau pour parfaire un hectolitre.

Gribouri, Eumolpe, Ecrivain.

L'Eumolpe est un petit coléoptère, à vie aérienne et souterraine, qui, à l'état parfait, ronge les feuilles en y dessinant des lignes bizarres, d'où le nom d'*Ecrivain*. A cet état, les dégâts commis sont de peu d'importance, mais sa larve ronge les racines et détermine souvent des dépressions analogues aux taches phylloxériques. L'asphyxie par le sulfure de carbone est, dans ce cas, le seul moyen de destruction connu. En Bourgogne, où le Gribouri se montre principalement sur les Pinots, on fait peu de cas de cette affection parasitaire, assez bénigne et peu répandue.

Le Cigareur.

Cet insecte, qui, dans certaines années, produit d'assez grands ravages dans la vallée rhénane, n'est pas bien dangereux en Bourgogne, où la grande majorité des cépages sont en rouge. On voit çà et là dans les cépages en blanc particulièrement, des feuilles enroulées en forme de cornets ou de cigares. Cette altération de la forme foliacée est le résultat de la piqûre d'un charançon. Muni d'un long suçoir, ce coléoptère du genre Rynchites-Betuleti et Betuli, pique le pétiole des feuilles, qui se roulent en étui, protecteur des œufs y déposés.

Le seul remède est la destruction, par l'écrasement ou par le feu, de toutes les parties atteintes, feuilles et abris, par cet insecte à vie exclusivement aérienne.

Pyrale.

La Pyrale est un insecte de l'ordre des lépidoptères, qui commet ses dégâts à l'état de larve. Ce papillon, le Tortrix Pilleriana, est le fléau des vignes, dans le Beaujolais surtout, où il abonde ; sa robe est d'un jaune doré avec bandes dans les ailes dans l'espèce mâle. Elle n'a qu'une génération par an. En août, le papillon pond ses œufs, sur la face supérieure des feuilles. L'éclosion a lieu dix jours après, produisant des chenilles de un millimètre environ, lesquelles cherchent de suite abri dans les fentes des échalas, les fissures d'écorces, où élisant domicile pour y filer en un cocon blanc grisâtre qui leur servira de demeure d'hiver.

Protégées contre la pluie, le froid, elles sortent de leur cocon au printemps, pour gagner les bourgeons. Au moyen des fils, elles enserrent une ou plusieurs feuilles, vrilles, et là en vrais sybarites, elles dévorent peu à peu, pédoncules, feuilles, fruits. La larve de la pyrale qui ne dépasse un à deux centimètres, à tête noire, à corps jaune verdâtre, se transforme vers la fin de juin en chrysalide pour éclore, peu de temps après, en papillon à ailes rougeâtres.

Deux traitements sont en faveur.

Traitement d'hiver. Badigeonnages et pulvérisations avec une solution de cinquante grammes Lysol par litre, soit 5 %.

Traitement du printemps et de l'été.

Racler avec un gant de fer les ceps, pour en dégager les pontes cachées sous les écorces, incinération de ces débris, puis ébouillantage à l'eau, au moyen d'instruments, genre cafetière, à bec. A l'apparition du papillon, capture du papillon (qui est nocturne) au moyen de pièges, de lanternes à acétylène ou autres placés sur des récipients contenant une couche d'huile de pétrole, ou de papiers enduits de glue. On détruit par ces modes de grandes quantités de papillons, mais appliqués isolément, ces pièges lumineux ont l'inconvénient d'attirer les nocturnes insectes du voisin qui ne se protège pas.

Sans doute le papillon vole mal, ne va pas à grandes distances ; cependant un rayon de protection de vingt-cinq à trente mètres s'impose pendant les nuits chaudes de tout le mois de juin.

Sans parler de tout le mal, la dépense qu'occasionnent ces traitements d'été, disons que, dans certaines régions, on préfère le clochage dans une atmosphère d'acide sulfureux, opération longue et peu pratique en hiver.

Un dernier mot encore. La Pyrale n'est pas l'agent d'une maladie nouvelle, puisqu'elle est signalée dès les XVIe et XVIIe siècles dans la Champagne, la Bourgogne, le Beaujolais, le Languedoc, les Charentes; exclusivement ampélophage, la pyrale s'attaque de préférence aux vieilles vignes, dont les souches à écorces fendillées lui fournissent un abri sûr.

Cochylis.

La Cochylis est un insecte analogue et, pour bien des régions, aussi dangereux que la pyrale. Décrite et classée par Roser sous le nom de Tortrix Roserana, parmi les Lépidoptères ou petits papillons, la cochylis exerce ses ravages à l'état de larve ou de ver, sous le nom de ver du raisin, *ver coquin*, en Bourgogne. Ce ver, d'un brun foncé s'attaque au raisin, il perfore la peau, se nourrit du suc, et provoque la rapide pourriture du grain souillé par les déjections de l'animal ; l'humidité, la pluie achèvent l'œuvre.

En hiver, la cochylis se comporte, comme larve, à la manière de la pyrale. Vienne le printemps : la chrysalide, dès le mois de mai, se transforme en un petit papillon jaune, lequel pond ses œufs dans les organes naissants de la plante ; ces œufs produisent le ver et la chenille d'un brun foncé de la première génération. Quelques jours avant la floraison, le ver de cette première génération se transforme en chrysalide et en papillon qui fournira la seconde génération de vers qui, dès le mois de juillet, pénètrent dans le grain, en percent la pellicule. Ces vers de la seconde ponte sont rouges.

L'évolution de ces deux générations est bien limitée, si l'on considère qu'en naissant, au printemps, le ver se transforme en papillon qui rayonne autour de sa demeure hivernale, qu'il assure

5

la deuxième génération par la ponte dans les organes florifères qui détruit une bonne partie des raisins, d'où, perte en qualité et en quantité surtout, allant parfois aux trois quarts de la récolte.

La destruction de la Cochylis n'est pas facile ; il s'agit d'employer tous les moyens dont on se sert pour la pyrale, c'est-à-dire destruction du papillon par les veilleuses ou les phares lumineux, ou du ver par les insecticides ou par l'écrasement.

C'est ainsi qu'on a préconisé l'emploi de l'acide phénique en pulvérisations dans les proportions de 1 0/0 de phénol brut, soit 1 litre pour 100 litres d'eau. D'après M. Gregor, l'odeur du phénol suffit pour éloigner les papillons, surtout ceux de la seconde ponte.

Le Dr Cazeneuve estimant que la naphtaline (produit appartenant à la même série d'hydrocarbures, dérivés du goudron) a un effet plus durable et plus persistant que le phénol, a conseillé les pulvérisations sèches de soufre naphtaliné à 5 0/0 (mélange passé au tamis de 5 kilos naphtaline en poudre, et de 95 kilos soufre en poudre).

Dès 1898 nous avons eu occasion de faire l'essai de ce mélange insecticide, et de constater que son emploi assure un succès assez suffisant pour en assurer le mérite. C'est ainsi que de nos expériences et essais il résulte que le soufre, la naphtaline, l'acide phénique brut ou phénol, sont, pour la gent ailée un insecticide puissant, que ces substances ont une action moins forte pour la forme ver ou larve et, qu'en somme, les pulvérisations sont plus efficaces, en application sur l'une que sur l'autre. Expliquons-nous :

L'odeur de la naphtaline est plus durable que celle du phénol, l'action du mélange de soufre et de naphtaline sera plus durable également, en ce sens qu'elle éloignera les papillons, les empêchera de déposer la seconde ponte ou ponte de la deuxième génération. C'est là un premier point essentiel ; le ver déjà formé résiste longtemps, il ne périt que difficilement, lentement ; alors que ses organes de respiration, les stomates ne fonctionnent plus et ont pu être imprégnés d'une couche de poudre suffisante pour annihiler la respiration.

C'est donc dans cet ordre d'idées et d'expérimentations, que nous conseillons les pulvérisations.

En détruisant ou en rendant impossible la seconde ponte, on aura, d'ores et déjà, obtenu un grand résultat. Il sera essentiel, dans ce cas, d'opérer dès le mois de mai, d'imprégner les organes florifères naissants, avant même que l'odeur suave de la fleur n'attire l'insecte.

L'échenillage, l'enlèvement du ver mécaniquement au moyen d'aiguilles, par un personnel adroit, est un mode onéreux et difficultueux, au moment où le ver coquin a déjà décelé sa présence, par les reliefs de son festin estival ou printanier.

Eudemis.

Depuis peu, l'on signale l'invasion, dans le Bordelais surtout, d'un nouvel ennemi de la vigne, l'Eudemis Botrana, récemment importé en France, de la visite duquel la Bourgogne a été, jusqu'à cette heure, dispensée.

Ce maudit nouvel arrivé est d'une résistance telle qu'on ne saurait employer des remèdes trop énergiques pour le combattre, soit par des solutions cupriques ammoniacales, poisseuses, adhérentes ou rendues telles par l'adjonction de substances résineuses saponifiées à la soude, en d'autres termes, par des bouillies cupriques, résineuses, au verdet et à l'ammoniure de cuivre. Cette préparation à formule complexe est restée, jusqu'à présent, dans le domaine du laboratoire, et ne saurait être faite par le vigneron peu ou mal outillé ; aussi n'insisterons-nous pas davantage sur ce sujet.

CHAPITRE III.

Vinification, vendanges.

La vendange, la récolte, la vinification, constituent le cycle des opérations automnales et le complément du labeur annuel. Sous ces définitions, nous comprendrons donc tout ce qui a trait à la question, toutes les opérations qui s'imposent, solidairement, dépendantes les unes des autres.

Pour avoir du bon vin, il faut une bonne et saine récolte, faite dans les meilleures conditions possibles de santé, de maturité du raisin ; il faut surtout ne pas se leurrer de l'espoir de faire du bon vin, dans les mauvaises années, par l'addition du sucre. Sans doute, le mode de *procéder* ne peut qu'être favorable, amener une bonification, une amélioration par suite de l'apport d'alcool, mais ne pourra jamais combler les lacunes inévitables produites par le manque de tannin, d'acides, de phosphates, produits naturels inhérents à la bonne constitution d'un vin. D'une bonne constitution dépend la santé, que ce soit dans n'importe quel règne, végétal ou animal.

Pour faire du bon vin, prenez du bon raisin ; pour faire un bon civet, prenez un bon lièvre de montagne ; ce qui n'empêcha pas, un jour, un facétieux maître-coq de dire : Pour faire un civet, prenez un chat ; un malin cuisineur ès vins, dira : Pour faire du vin, prenez des raisins quelconques, ou des marcs épuisés, ajoutez-y quantité suffisante d'eau, de sucre, d'acide tartrique, tannin et autres ingrédients chimiques, faites fermenter, tirez, pressez et servez. Ce sera du simili-vin, comme il y a du simili-or.

La production du vin doit être considérée sous un aspect plus sérieux.

La vinification est l'art de faire le vin : telle est la formule sacramentelle ! Cette formule peut, de nos jours, sembler quelque peu surannée ; en effet, la vinification est devenue, grâce aux connaissances scientifiques qui se répandent partout, non seulement un art, mais encore une science, ayant ses lois, ses principes ; la vinification a quitté le sentier de la routine pour emboîter le chemin scientifique tracé par les découvertes et les applications de la chimie, de la biologie, ces deux sciences sœurs. D'un côté : la biologie nous donne la clef de la fermentation qui n'est autre chose que l'évolution de germes, ou de levûres, qui de saines peuvent devenir pathologiques; d'un autre côté, la chimie nous éclaire sur la transformation de l'élément sucre en alcool ; ajoutons même que la physique nous renseignera sur tous les points de son domaine, température lors du cuvage, maturité du raisin, constatée par l'aspect, par les appareils, les aréomètres, les thermomètres, etc.

Dire que nos pères n'aient pas eu toutes ces connaissances, qu'il leur arrivait de faire de bons vins parfois, il ne s'en suit pas de là, qu'à de bons produits, des passables, des mauvais, ne se succédassent, lors des années froides ou pluvieuses.

La science nous évitera, en bien des cas, les aléas de la pratique surannée ; elle bonifiera, facilitera la vinification, mais jamais elle n'atteindra l'omnipotence du Créateur, du distributeur des bonnes ou des mauvaises années.

Que la Bourgogne, cette terre privilégiée, nous donne, sans le secours de la science, ce jus divin sortant des ondes calorifiques, nous ne demandons que cela ! Acceptons franchement le concours de la science, dans la vinification, lorsque les années mauvaises, les conditions climatologiques défectueuses nous y contraignent, nous incitent à unir science et art, pour obtenir amélioration et bonification. Dans ce cas, mettons à profit tout ce que la science nous indique, pour éviter le discrédit et l'avilissement de nos vins.

L'art de faire le vin remonte bien loin dans l'histoire. Noé devait savoir faire le vin, puisqu'il en buvait et qu'il maudit son fils Cham qui n'avait pas craint d'accabler son père de sarcasmes, un jour que ce brave patriarche avait abusé du jus de la treille.

Le récit biblique parle de la construction de l'Arche, mais est muet sur la question du matériel vinaire. Nous n'en avons cure du reste. Quittant les époques antiques, pour revenir à nos jours, nous dirons que la vinification est devenue, grâce aux progrès de la science, une question de premier ordre, pour le viticulteur, surtout depuis que des fléaux de toute nature, d'origine animale ou végétale, sont venus s'abattre sur le vignoble et apporter de nombreux contingents de contamination.

Le tout n'est pas d'avoir de bons cépages, d'avoir encuvé des raisins, d'avoir pressuré, un peu plus tôt, un peu plus tard ; il faut encore que, de ces éléments, il ressorte un produit convenable : de même qu'il y a fagots et fagots, de même il y a vin et vin ! S'entourant de toutes les données scientifiques et pratiques, le viticulteur tirera de sa récolte le meilleur parti, en opérant avec soin le premier travail, la vinification, admettant d'ores et déjà que d'une bonne fermentation, bien réglée, plutôt hâtive que modérée, dépendra la qualité du vin, toutes proportions gardées, en ce qui concerne la nature du cépage.

Autrefois on considérait la fermentation comme étant le résultat d'une action chimique ; de nos jours, on y a reconnu et l'action chimique et l'action physiologique, résultant de la transformation chimique des éléments sucre, en alcool, acide carbonique, glycérine, acides divers, etc., par l'action *primordiale physiologique* des ferments.

Le ferment, champignon microscopique, transforme le sucre en alcool ; le jus sucré devient vin ; les acides naturels de ce jus réagissent en partie à leur tour, sur l'alcool formé et produisent des aldéhydes, des éthers, sources du bouquet.

Le jus du raisin se compose de sucre, ou glucose, de tannin, de matières colorantes solubles et insolubles, d'acides, d'huiles essentielles ; à l'état normal il comporte dans son sein les germes des ferments sains et des germes maladifs : et ces derniers sont d'autant plus nombreux que la grêle, le mildiou, la pourriture, les maladies, *e tutti quanti*, ont malheureusement exercé de ravages. C'est à ces germes nocifs, qui soutiennent parfois une lutte inégale avec les germes ou ferments sains, que sont dues les altérations diverses que subit le vin pendant son élevage.

Dans le chapitre suivant, nous aurons occasion de développer les causes et remèdes à appliquer au mal.

Les mauvais germes s'attaquent au tannin, à la matière colorante, mais principalement à l'élément le plus précieux, le sucre. Ce sucre de raisin, ou autrement dit, *glucose*, n'est pas le produit sucré connu sous le nom de sucre proprement dit, sucre de canne, sucre de betteraves. La glucose est le sucre des fruits en général, du vin, par exemple ; elle diffère du sucre de canne ou de betteraves par une molécule d'eau en plus.

Formule du sucre ordinaire et composition :

Carbone...................... 12
Hydrogène................... 11   soit : C^{12} H^{11} O^{11}
Oxygène 11

Le sucre de raisin ou glucose a pour formule et composition :

Carbone...................... 12
Hydrogène.................... 12   soit : C^{12} H^{12} O^{12}
Oxygène 12

Dans le sucrage des moûts, ou des vins, le sucre, pour passer à l'état de glucose, doit absorber une molécule d'eau ; cette transformation s'opère naturellement par les ferments, ou artificiellement par les acides, tel que l'acide tartrique qui, à la dose de 1 0/0, convertit les solutions sucrées en solutions glucosées.

Le sucre est, suivant le terme employé en chimie, *interverti* et dès ce moment, apte à se transformer en alcool, à l'égal de la glucose, sous l'action des ferments.

Ces principes admis et démontrés par les travaux de savants, tels que Lavoisier, le créateur de la chimie, Chaptal, Dumas, le grand chimiste du XVIIIe siècle, Béchamp, le savant chimiste biologiste, Pasteur, le vulgarisateur qui a su coordonner, avec son talent d'assimilation, ses propres recherches et les découvertes de ses prédécesseurs, de ses contemporains ; l'œnologie a fait litière des procédés empiriques auxquels elle a substitué les méthodes rationnelles, et c'est ainsi que la vinification, l'élevage, la conservation du vin sont sortis du domaine de la routine, pour entrer dans celui de la science.

Nul ne saurait envisager la question d'un œil indifférent, ne pas emboîter le pas du progrès, et se contenter de dire flegmatiquement, qu'autrefois on faisait du bon vin, sans être initié à tous ces *chimiques*.

Y a-t-il une comparaison à établir entre la production, la vente anciennes et actuelles ? Non. Sans remonter à des époques antiques, il est reconnu que la vente était restreinte dans des limites que la vapeur a franchies, « il y a belle lurette » ; la consommation était limitée et ne s'étendait guère au delà d'un certain rayon de production. Les vins des bonnes années étaient conservés, ceux de maigre réussite passaient rapidement dans la consommation, sans statistiques, et c'est ainsi que les bonnes années se comptaient et que les mauvaises ne figuraient que comme mémoire. Restreindre les mauvais rendements, augmenter le nombre des bons, tel est le but que nous devons chercher à atteindre, par l'effort combiné de l'expérience et de la science.

Nous connaissons, à cette heure, l'agent principal de la vinification, sa nature saine, ou malsaine ; à nous de le surveiller, de le cultiver, de le choyer au besoin, et finalement d'en faire notre profit.

Dans la fermentation, il y a deux phénomènes principaux, l'un, physiologique, comprenant en son rôle primordial le développement et la vitalité de l'organisme ferment, l'autre, de l'ordre chimique, comprenant le rôle secondaire et la transformation du sucre en alcool, et dédoublement des principes hydrocarbonés, en acide carbonique, succinique, en mannite, glycérine et autres produits secondaires. L'action chimique est subordonnée à l'action physiologique qui est le point de départ de toute fermentation. L'action physiologique était encore faiblement entrevue que depuis longtemps déjà l'action chimique était scientifiquement démontrée. C'est l'immortel Lavoisier, le grand génie, créateur de la chimie, qui a démontré que le sucre de raisin se dédoublait, par la fermentation, en alcool et en acide carbonique.

Dès 1843, un autre grand chimiste, J.-B. Dumas, donnait l'explication de la fermentation, sans spécifier, toutefois, le rôle primordial du ferment végétal, vivant, tout en entrevoyant la présence d'un agent de fermentation, de nature azotée, organisée. qui semble vivre et se développer, et comme matériaux, une ou plusieurs substances complexes qui se dédoublent.

M. Béchamp, dont les nombreux travaux sur les vins font autorité, avait, dès 1865, repris et refait les expériences du maître, et disait à propos de la vinification :

« Le vin est le résultat de l'action physiologique de la vie du ferment, dans le milieu fermentescible qui est le moût. »

Le ferment est un être organisé qui vit, se reproduit, meurt, et dont le germe existe dans l'air : il est constitué par des éléments de formation, parties constitutives de la forme, éléments atomiques ou figurés, les cellules.

Le grand pas était fait à ce moment.

Deux chimistes rivaux, Béchamp et Pasteur, reprenant les travaux de Schwann, de Cagniard de Latour, démontrent alors dans une série de mémoires dont *la priorité revient à Béchamp*, que les ferments sont des êtres vivants, se comportant plutôt comme une cellule animale que comme une cellule végétale, que le produit final de la transformation du sucre renfermait outre l'alcool et l'acide carbonique, de la glycérine, de l'acide succinique dans les proportions suivantes :

100 grammes de sucre de raisin donnent, par la fermentation :

Acide carbonique.	46,67
Alcool.	48,46
Glycérine.	3,23
Acide succinique.	0,61
Matières autres indéterminées.	1,03
	100,00

Le rôle, le travail chimique du ferment étant par l'analyse, nettement spécifié, il nous reste à déterminer son caractère biologique et physiologique.

Le ferment est un organisme. Dans un organisme composé, les éléments de formation sont les dernières limites organiques et sont appelés cellules.

Les cellules sont donc les formes élémentaires dont l'assemblage et la métamorphose engendrent un corps d'animal ou de végétal.

La cellule, comme tout élément atomique, est réductible à une forme plus simple, à son point le plus minime ; ce corpuscule, dernier terme auquel la vision saurait atteindre, a été appelé par M. Béchamp, *microzyma*.

Les microzymas sont les facteurs de la cellule ; ils sont le commencement de tout organisme, ils en sont la fin.

En ce qui concerne le sujet dont nous parlons, c'est-à-dire la fermentation du raisin, disons que quel que soit la nature des ferments du vin, qu'ils soient le produit d'une végétation, qu'ils proviennent de l'air, que ces germes ou ferments qu'on trouve d'autant plus nombreux que l'époque de la vendange s'avance, disséminés sur le grain (la grume), le bois, que le fonctionnement de la cellule en tant que facteur d'un élément complet, nous semble être animal ou végétal, se nourrissant, se transformant, se détruisant, qu'en un mot, les ferments, comme le prouvent les travaux de M. Béchamp, constituent des êtres organisés qui ont pour origine, et comme fonction physiologique et chimique, les microzymas, quelle que soit la matière, la forme, la structure de la cellule.

Nous disons que le microzyma est le commencement et la fin de tout organisme : en effet, lorsqu'après la mort, tout a disparu, la forme avec la vie, le microzyma reste ; il ne meurt pas ; il reste doué d'une activité chimique et physiologique, il est capable encore de servir à quelque chose. A quoi ? à donner naissance aux vibrions, aux bactéries, ces agents vivants qui, avec lui, servent en dernière analyse, chacun selon son espèce, à ramener toute matière organique à l'état minéral.

Avant d'en arriver à ce terme final, les microzymas évoluent en formes diverses. Dans le vin, par exemple, les microzymas sont la source des transformations que peut subir le vin, en tant que saveur et bouquet. Ils produisent des fermentations secondaires ; c'est ainsi que les filaments que l'on observe dans les dépôts, sont les produits de la vie de ces infiniment petits évolués en bactéries.

Le terrain scientifique et théorique déblayé, marchons maintenant avec assurance sur le terrain pratique.

Posons en premier lieu cet axiome, que d'un bon cépage, d'un raisin sain, arrivé à maturité, d'une bonne fermentation, dépend la qualité d'un vin. Cette vérité de la Palisse n'a pourtant pas en Bourgogne la valeur de parole d'Evangile.

Un vieux dicton bourguignon veut que, pour faire du bon vin, il faut jeter à la cuve du vert, du mûr, du pourri.

Dans les bonnes années, à notre humble avis, ce soi-disant heureux mélange, ne peut amener grandes conséquences ; le vin sera, ce qu'il peut ou doit être : dans les années mauvaises ce mélange ne nous paraît pas à même d'apporter une bonification quelconque.

Examinons pourtant, sans dédain pour notre dicton bourguignon, ce qu'il peut y avoir de bon ou de mauvais dans ce primitif procédé, et s'il a à son appoint quelques titres justificatifs.

En principe, le raisin arrivé à maturité, sain, donnera toujours un produit supérieur; les éléments de sa saine constitution lui assureront une valeur d'autant plus grande que tous ces éléments seront en harmonie parfaite, sucre, tannin, acides, matières albuminoïdes, matières colorantes, le tout bien assaisonné de ferments sains.

Le raisin, imparfaitement mûr, dans lequel ces éléments manquent de proportion, d'harmonie, ne pourra produire qu'un vin péchant par le manque de sucre, et partant, d'alcool, soit par un excès d'acides qui n'ont pas subi la transformation sucrée; malgré ces défauts, le vin obtenu, grâce à *sa verdeur*, se conservera assez bien; il aura peu de tendance, en raison de cet excès d'acidité, à *fleurer*; ce sera là son seul et maigre mérite.

Le raisin pourri, par contre, à moins que nous n'ayons la chance de voir le germe de la pourriture grise évoluer en pourriture noble, et par ce fait, nous donner un vin plus généreux, plus alcoolique, grâce à la destruction partielle des tartrates, malates, des matières tannoïdes, colorantes, albuminoïdes, au détriment desquelles le champignon du botrytis cinerea se nourrit. Le raisin, hélas! subit plus souvent la pourriture mauvaise, *la pourriture verte*, due à une autre variété de champignon, le Penicillium glaucum.

Pourriture grise, pourriture verte, sont deux affections maladives qui ne peuvent qu'être défavorables, en modifiant fortement la constitution du vin, en rompant l'équilibre des éléments constitutifs et permettant aux germes nocifs qu'ils ont introduits dans la cuve, ou le jus, d'évoluer maladivement, de lui communiquer un goût de pourri, d'amener la *casse*, la tourne, etc.

Examinons individuellement les constituants de l'olla-podrida bourguignonne, et nous voyons que le produit du raisin mûr a bonne chance de viabilité, que celui du raisin vert pèche par manque et par excès, qu'enfin, celui du pourri ne saurait être qu'un élément discordant.

Le mélange rétablira-t-il un ensemble bien équilibré, et d'une constitution moyenne, acceptable? Nous ne le croyons pas!

Pourtant acceptons-en l'augure et ne méprisons pas trop les idées de nos pères!

Pour faire du bon vin, il faut de bonnes vendanges, et dans la vinification il importe de ne pas marcher à l'aveugle, de ne pas se contenter de jeter pêle-mêle n'importe quel produit, de laisser cuver sans soin, de mettre sous presse, et de mettre en fûts. Non! il faut s'entourer de maints soins, vendanger, si possible, par le beau temps, de manière à mettre, comme l'on dit en Bourgogne, le soleil dans la cuve, de n'opérer qu'avec des vases et ustensiles vinaires très propres, en un mot, d'apporter dans la vinification

tous ces soins de propreté sur lesquels il serait puéril d'insister.
Le contingent des germes nocifs de la pourriture, de la grêle, du
mildiou et en général de toutes les maladies d'origine végétale ou
animale, n'est, hélas! que trop grand déjà : évitons, par les soins de
propreté, de l'augmenter en nous servant d'outillages contaminés.
Faisons en sorte d'opérer avec le plus de propreté possible, évitons
d'introduire dans la cuve, sur le pressoir, la boue, les détritus de
toute nature qu'entraîne la chaussure ; surtout soyons très
sceptiques sur le chapitre de la fermentation qui, au dire de
certains bons Bourguignons, détruit tout. Erreur profonde ! La
fermentation ne fait que modifier, la bonne vinification dissout
certains éléments, mais ne les détruit pas. Le feu seul, en ramenant
toute substance organique à son *dernier* terme, *minéral*, purifie et
détruit un organisme. Car rien n'est la proie de la mort, tout est la
proie de la vie ! Rien ne se perd, rien ne se détruit, tout se transforme !

Dans la vinification, les bons comme les mauvais germes,
ferments apportés par les impuretés, les souillures, les maladies,
ne font que sommeiller de 15 à 60°, pour ne mourir qu'à 68 ou 80°,
sans compter que certains résistent jusqu'à l'ébullition, soit 100°.
Or, dans une fermentation, même très active, la température ne
devra jamais dépasser 35 à 36°. Si les ferments corrupteurs sont en
majorité, la lutte avec les germes sains devient inégale, et de l'issue
de cette lutte entre bons et mauvais, dépendra le sort de la vinification. C'est la lutte du bien et du mal.

Les eaux des mares, des rivières sont généralement contaminées
et impropres à l'assainissement, à moins de les faire bouillir ou
de les utiliser à l'état de vapeur. N'avons-nous pas, tous les jours,
des exemples sous les yeux ?

A l'époque des vendanges, dans les années d'abondance surtout,
comme en 1900 et 1901, combien de vin n'a-t-il pas été gâté, perdu,
par suite de manque de propreté ? A bout de ressources, et manquant
de futailles, on mettra soit vendange, soit vin, dans de la vieille
futaille, moisie, rincée tant bien que mal à l'eau froide, ou tiède, le
tout avec une tranquillité de conscience basée sur ce préjugé que la
fermentation détruit tout. Il se peut (et c'est généralement ce qui
arrive) que la futaille redevienne bonne, qu'elle soit *affranchie*.

Dans la lutte de la fermentation, les germes sommeillants dans
les pores du bois se sont réveillés, ils ont quitté leur asile pour
venir se noyer dans le vin ou le moût.

Conclusion, le vin est mauvais, perdu peut-être, le fût sans valeur
est sauvé : le contenu est sacrifié au contenant.

Quand et dans quelles conditions les meilleures, devons-nous
vendanger, vinifier ? La parole est à l'astre bienfaisant qui nous
éclaire, et la réponse découle de ses effets climatériques.

Précoce ou tardive, suivant le temps favorable, la vendange pourra être faite, alors que le jus de raisin obtenu par expression à la main ou à la petite presse, pesé au mustimètre, accuse son maximum de densité, que la somme des maxima thermométriques notés pendant une période de 90 à 100 jours partant de la floraison, atteint une moyenne de 2,500 degrés, que le vigneron a reconnu dans son bon sens pratique la maturité du raisin par les caractères suivants : grain ou grume s'éclaircissant, maturité du pédicelle de la grappe, brunissement de ce pédicelle qui se détache facilement de la branche fructifère, enlèvement facile de la grappe, suintement sirupeux, gluant, au moindre toucher.

Vendanger dans ces conditions de maturation, être favorisé d'un temps sec et beau, mettre sous pressoir ou à la cuve un raisin non détrempé ou lavé par la pluie, partant, bien chargé de tous les germes des ferments que la nature a prodigués sur la pellicule, voilà quel serait l'idéal.

Le lavage des raisins est toujours nuisible : il résulte, en effet, des expériences faites à Montpellier par M. le professeur Béchamp, et celles faites postérieurement par Pasteur, que ces germes, qui sont d'autant plus abondants que la maturité est proche, ne résident que sur la surface externe du raisin, et jamais dans l'intérieur.

Rarement nous atteignons cet idéal. Combien peu nombreuses sont les années où tout est réuni pour nous satisfaire ! Par contre, combien nombreuses sont celles où la gelée, la coulure, la grêle, les maladies cryptogamiques, parasitaires, nous distribuent des récoltes maigres et mauvaises !

En Bourgogne, suivant les localités, la rentrée aux pressoirs de la récolte se fait d'une manière plus ou moins intelligente, suivant qu'il s'agit de vendanges en blanc ou en rouge, dans des paniers, des caisses, comportes, ou dans les ballonges.

La vendange destinée à être vinifiée en blanc, est directement amenée au pressoir, passée au cylindre, parfois égrappée et mise sous presse. La main-d'œuvre et la perte de temps sont ainsi réduites à leurs plus justes limites. Autre chose est le dispositif trop fréquent dans les petites exploitations, qui préside à la rentrée de la vendange à cuve. Deux et parfois trois chargements et déchargements occasionneront perte de temps, d'argent, de substances.

Le raisin est porté à la hotte dans des tonneaux placés au bout de la vigne, puis chargé à la sapine, dans des ballonges, puis par une troisième opération mise à la sapine, dans la cuve. Nous parlons ici de la moyenne et de la petite culture qui souvent n'ont pas à leur disposition le matériel roulant, à l'heure voulue.

Dans le Beaujolais, on transporte, en une seule opération, le raisin à la cuve au moyen de caisses, ou de comportes.

En Alsace, il en est de même. Le raisin est, au sortir de la vigne, versé par les hotteurs, dans de petits cuviers en sapin de forme hexagonale alignés sur un char à ridelles basses et à rails plats en bois, sur lesquels glissent pour le chargement et déchargement bien facile, ces petits cuviers que deux hommes manient facilement et dont ils verseront, directement, le contenu soit sur le pressoir, soit dans la cuve. Ce mode de défruitement expéditif, avec char à quatre roues, ne peut convenir qu'à la plaine ou aux bas coteaux ; dans la montagne, le char à deux roues et le transport au panier, auront la préférence. La cueillette dans les comportes disposées çà et là dans les rangées, et transportées directement par deux hommes sur le char, supprime l'emploi de la hotte.

A ce sujet, remarquons que, depuis quelque temps, la hotte en tôle galvanisée ou en fer-blanc, peinte au blanc de zinc (substance non toxique, comme le blanc de céruse), tend à remplacer la hotte en osier d'usage immémorial.

Doit-on égrapper le raisin ? Les avis sont partagés ; les uns disent oui, les autres disent non.

A. de Vergnette Lamotte, ce savant œnologue bourguignon qui, longtemps avant Pasteur, avait entrevu le rôle des petits corpuscules, désignés sous le nom de *microzymas* par A. Béchamp, dans la fermentation maladive des vins en bouteilles, était partisan de l'égrappage. La présence de la grappe, dit-il, est doublement nuisible : par un effet d'endosmose et d'exosmose, elle cède une grande partie de ses acides et absorbe, en retour l'alcool formé.

A ce maître de la science, les partisans du non-égrappage objectent que les acides de la grappe sont utiles, qu'ils apportent au vin une tenue plus ferme, un appoint de tannin même, toutes substances favorables à une bonne vinification, à l'obtention d'un vin de meilleure conservation, tout en reconnaissant moins de finesse dans le produit.

On ne saurait contester l'utilité de la grappe dans l'acte de la fermentation ; l'aération, l'action de l'agent indispensable, l'oxygène, le dégagement de l'acide carbonique, sont plus parfaits qu'au sein d'une masse dense et compacte.

Mettant toutes choses au point, on conseillera l'égrappage là où l'on voudra avoir un vin vieillissant vite, un vin tendre, *chat à boire*, suivant l'expression topique de la Bourgogne. Dans cet avantage momentané, il y a le revers de la médaille.

Le vin de raisin égrappé (le rouge comme le blanc) ne se conserve pas longtemps ; blanc il devient facilement gras par suite de manque de tannin et de cuvage ; rouge, il s'absinthe , il devient amer, et cette amertume, qu'il ne faut pas confondre avec celle de la vieillesse, est un premier terme d'un précoce état maladif. L'égrappage l'aura privé d'une certaine somme d'éléments de constitution et de conservation fournis par la grappe, ou la rafle, tels que matières tannoïdes, albuminoïdes, acides malique, tartrique, tartrates et phosphates. La vinification en blanc exclut le cuvage, les principes conservateurs n'ayant pu se dissoudre dans cette rapide opération du pressurage, partant, feront défaut en bonne partie.

En Bourgogne, comme, du reste, dans tous les pays vinicoles, les vins rouges sont obtenus par fermentation, en vases clos ou ouverts, soit foudres, cuves en ciment et verre, ou cuves en bois. L'emploi des cuves en bois est à peu près exclusif en Bourgogne : ces cuves construites en forme de cône tronqué, ont une contenance variant de 20 à 50 hectolitres, soit de 8 à 25 pièces.

L'agencement, la mise en activité des cuves, la partie pratique sont choses trop connues pour que nous n'en parlions pas, et que nous nous contentions de quelques remarques essentielles, à savoir, qu'une cuve doit, autant que possible, être remplie le même jour, ou à bref délai, et non pas par apports lents et successifs, pouvant interrompre ou ralentir la fermentation qui doit partir d'un seul jet.

Autre remarque importante : remplir la cuve, en laissant un vide de 0 m. 30 environ de manière à pouvoir fouler le raisin, ou d'y appliquer une claie, ou encore d'éviter une perte de liquide par suite de l'exhaussement de la mousse, l'augmentation du volume par les gaz.

Si la vendange est *chaude*, et si dans la cuverie le thermomètre ne s'abaisse pas au-dessous de la normale, la fermentation s'établit au bout de 24 heures. Dès que ce premier bouillonnement cesse, il faut s'empresser soit d'appliquer les claies, soit, pour empêcher l'aigrissement, de fouler, d'immerger le *chapeau* deux fois par jour.

L'emploi des claies présente de nombreux avantages, et, chose principale, évite les trop nombreux accidents mortels qu'occasionne, chaque année, lors du foulage, l'imprudence des personnes qui entrent dans des cuves imparfaitement remplies de raisins, mais malheureusement trop remplies dans la partie basse de ce gaz plus lourd que l'air, ce poison, cet acide carbonique qui produit l'asphyxie.

Il est sage de ne jamais entrer dans une cuve sans avoir préablement agité l'air au moyen d'une ventilation quelconque et s'être assuré qu'une bougie ne s'éteint pas.

Dans maints endroits, on pratique encore le foulage à grands coups de reins, de jarrets, de bras; outre le danger d'asphyxie, le peu de confiance que peut inspirer la propreté du corps, il y a, dans ce procédé antique et ces bains de corps, un travail pénible, barbare, qu'un foulage simple avec le pied et le secours d'une perche remplace avantageusement; le bain de pieds étant par lui-même suffisamment malpropre.

Quoique l'emploi de la claie dispense du foulage, elle a ses détracteurs, qui objectent que le foulage, seul, peut opérer un mélange intime de la masse, un tout homogène; ses partisans, et ils sont nombreux, objectent à leur tour qu'il est facile d'arriver à une homogénéité des couches, en arrosant, en bassinant quelques jours avant le décuvage la cuve; qu'il suffit, pour cela, d'enfoncer un gros robinet de bois à la bonde du tirage, de retirer toute la partie liquide surnageant la claie et de la faire passer, soit à la pompe, soit à la sapine, sur la cuve.

Cette lixiviation de la vendange active la clarification, met le vin en contact avec l'oxygène et pourvoit à sa dernière fermentation. Le rôle de l'oxygène est des plus utiles à ce moment encore; il cesse de l'être une fois la fermentation terminée. L'aigrissement du chapeau n'est due qu'à l'action de l'oxygène, et voici comment : Dès que le ferment a terminé son rôle, que le sucre a été transformé en alcool, que le liquide vineux imbibe, sur une grande surface d'aération, grappes, gennes, il arrive ceci : l'oxygène de l'air agissant suivant sa nature oxydante, brûle, comme l'on dit en termes vulgaires, une partie de l'alcool, pour le convertir en un terme secondaire, l'acide acétique (vinaigre).

L'acétification commence par la partie la plus exposée à l'air, le chapeau, elle se communiquera ensuite à la masse, si l'on ne prend les précautions voulues pour empêcher la continuation du mal, par l'enlèvement des parties déjà atteintes.

Empêcher l'aigrissement du chapeau, est un criterium. Insistons donc sur le mode d'éviter cet accident.

Le raisin mis en cuve entre en fermentation, suivant la température ambiante et celle du moût dans les 24 à 36 heures; le bouillonnement, le dégagement des gaz, soulève une partie de la masse, et forme le chapeau, avec production de mousse.

C'est à ce moment que l'oxygène agit avec d'autant plus d'activité sur le liquide vineux, que la surface de prise est plus grande.

Qu'arrive-t-il ? Le vigneron, faute de temps ou de soins, n'a pas baigné, enfoncé suffisamment le chapeau, pour le soustraire à l'action de l'air, la cuverie sent le vinaigre ; vite, il enlèvera les portions de genne qui semblent sentir le vinaigre, et bravement il foulera le reste, convaincu qu'il a, ainsi, remédié au mal. Cure apparente et partielle, hélas !

Il aura noyé dans une grande masse, une petite masse de produits altérés, il y aura introduit une certaine quantité d'alcool acétifié, de vinaigre, qui restera vinaigre et ne se transformera plus jamais en alcool. Vinaigre il est, vinaigre il restera.

L'immersion constante du chapeau, le foulage au pied, au « pigou », à la perche, s'impose donc d'une manière absolue, là où l'on ne fera pas usage de la claie.

La question de température, dans la fermentation, est d'une grande importance. La cuve ne part pas ou ne part que difficilement, si la récolte est froide et remisée dans un local où la température n'atteint pas la normale ou à peu près, soit 12 à 15°.

Commencée vers 15°, la fermentation continuera à marcher avec régularité et sans arrêt, avec une température qui ira en augmentant à 25, puis 30, et enfin à 35 ou 36°, point qu'elle ne devra pas, pour être de bonne nature, dépasser.

Il est prouvé, en effet, qu'entre 25 et 30° toute fermentation marche à merveille, qu'à plus de 35 elle se ralentit, qu'entre +40 et 45 elle s'arrête, qu'une partie des ferments disparaît, enfin qu'à +60 les levûres meurent.

On voit donc, que pour obtenir de bonnes cuvées, il faut ou hâter, activer la fermentation par des chauffages, ou par des levains, ou ralentir la marche par des ventilations, ou des aérages nocturnes. Parfois on se voit obligé d'avoir à ralentir une fermentation trop tumultueuse, d'aérer la nuit, les cuveries pour amener un abaissement de température, plus souvent le cas contraire se présente. Le local doit être chauffé, le moût additionné d'une levûre en pleine activité ou d'un levain que l'on peut préparer soi-même, sans avoir recours aux levûres commerciales, sélectionnées des Jacquemin, Schlœssing et autres. Avant tout, examinons la valeur de ces levûres de laboratoire que l'industrie prépare en grand et fournit au viticulteur peu soucieux ou peu à même de préparer lui-même cette levûre qui, incontestablement, a le mérite de hâter le départ et de régulariser la fermentation. On a beaucoup exagéré la valeur des levûres sélectionnées, on a attribué à ces ferments des vertus toutes spéciales, inhérentes à leur nature, à leur origine. Prétendre pouvoir, en ensemençant une cuve de raisins quelconques, avec des levûres de grand vin, la transformer en une cuvée de Montrachet, de Chambertin, est une illusion. Les levûres saines, bien préparées, sélectionnées, ne peuvent qu'améliorer, hâter la fermentation, mais en aucun cas, transformer une piquette en vin fin, ou de marque.

Des expériences de laboratoire, parfois suivies de succès, ont pu donner créance à la transformation partielle, très limitée du bouquet. Nous-même, avons eu occasion, une seule fois, d'obtenir, en ensemençant avec des ferments de raisins malaga, un vin ayant certaine analogie de bouquet avec le vin d'Espagne. Des essais subséquents, hors laboratoire, sont restés infructueux. Il est incontestable que la vinification, ou la transformation du jus de raisin en vin, est due à l'action physiologique de certains ferments, mais jusqu'ici, et dans l'état actuel de la science, on ne saurait encore affecter un ferment spécial à chaque cépage, et admettre qu'à tel raisin appartient tel ferment spécial, générateur d'un bouquet spécial. Il y a, dans la transformation du jus en vin, dans ce qu'il acquiert en finesse, en constitution, en bouquet, *sui generis*, bien des causes inconnues, dues à la nature du sol, du sous-sol et à la présence de substances minérales, à doses infinitésimales peut-être. Les vins blancs d'Alsace, de la vallée du Rhin, ne tiennent-ils pas leur bouquet spécial, de *pierre à fusil*, à la nature du sol où domine la silice ? Le bouquet spécial qu'offrent certains vins est inhérent à la nature du sol, parfois à la fumure, mais exceptionnellement à la nature du cépage, à celle des ferments, comme, par exemple, dans certains vins blancs de la Gironde atteints de la pourriture noble.

Ne demandons donc pas aux levûres plus que ce qu'elles peuvent nous donner, à savoir, une vinification mieux réglée, et contentons-nous des vins que Dame Nature nous donne ; ne nous leurrons pas de l'espoir de pouvoir transformer nos vins ordinaires en vins de marque.

Que les savants, les chimistes, les œnologues se disputent sur la nature, la forme des ferments, sur la grosseur de ces corpuscules, qu'ils désignent sous le nom de Saccharomycès, « champignons mangeurs ou destructeurs du sucre », que ces corpuscules soient ronds ou ellipsoïdes, qu'on leur donne le nom d'Ellipsoïdus, de Pastorianus, d'Apiculatus, peu importe, l'essentiel pour nous est de savoir que le ferment le meilleur est produit par le Saccharomycès ellipsoïde qui est l'agent sain et vigoureux de la transformation de la glucose ou sucre, en alcool. Des raisins sains comportent à leur surface ce précieux ferment, et c'est lui que nous devons rechercher et cultiver en faisant notre levain, à la manière du boulanger, du brasseur, qui met tous ses soins à la culture ou à l'entretien de ses levûres. Le levain du boulanger, la levûre du brasseur, les levûres du raisin, sont d'un même ordre physiologique. De même que le pain est un aliment, de même le vin est un aliment liquide, très assimilable, renfermant 10 0/0 de substances nutritives.

Si nous voulons mettre à notre service les bons ferments, faisons un bon levain en faisant une sélection de raisins bien sains les écrasant dans un baquet, deux ou trois jours à l'avance ; et distribuant sur les diverses couches de raisins amenés à la cuve, ce moût en pleine fermentation, et dont la température dépasse la normale de 4 à 5°. Un levain ainsi préparé, doit, au moment de l'emploi, être chaud : s'il en était autrement, il faudrait le faire tiédir soit directement sur le feu et indirectement par l'addition d'une solution sucrée chaude. L'addition d'un levain est surtout utile dans les cuves à petite contenance, où la fermentation a des tendances à se ralentir, à cesser parfois, au moindre refroidissement.

Dans la fermentation, il se produit trois ordres de phénomènes : il y a un acte primordial, physiologique, acte vital représenté par le ferment; un acte secondaire d'ordre physique si l'on considère le dégagement de chaleur, de gaz ; enfin d'un acte d'ordre chimique, quant aux transformations chimiques des corps: ces deux ordres sont en rapport constant, l'action chimique et l'action physique marchant de pair.

Les matériaux mis en œuvre se composent, au moment de la mise sous le pressoir ou dans la cuve de la totalité du raisin qui comprend :

La grappe ou rafle, le grain, la pellicule ou peau du raisin, les pépins, les cellules, le jus renfermé dans ces cellules, et, comme éléments chimiques principaux, le sucre ou glucose, le tannin, la crème de tartre, les acides malique, tartrique, les phosphates, les matières albuminoïdes, l'eau.

La composition moyenne est, en centièmes :

Moût ou jus. 85
Rafles, pépins, etc. 15

La moyenne du sucre contenu dans ce moût, varie suivant le cépage, la maturité, de 150 à 250 grammes par litre ; il en est de même des acides naturels. Peu sensible dans le moût sucré, l'acidité s'accentue dans le vin nouveau, sauf à diminuer beaucoup après complète vinification, par suite de la précipitation d'une partie de la crème de tartre et de son insolubilité dans un milieu devenu d'autant plus alcoolique que la quantité de sucre transformé aura été plus grande. Les vins jeunes doivent leur acidité aux acides tartrique, malique ; leur âpreté aux matières tannoïdes ; les vins faits à un excès de crème de tartre. Les vins blancs sont généralement plus riches en alcool et en acides que les vins rouges de crus analogues ; ceux-ci, par contre, contiennent une plus forte quantité de tannin.

Les cépages à jus peu acides ne donnent qu'un mauvais vin de conserve, pour ne citer que les vins produits par les raisins de table, tels que : Chasselas, Malingre, Précoce de Saumur, Portugais bleu ; ces raisins renferment, sans doute, beaucoup de sucre, mais pas assez d'acides. Le vin est, avant tout, un liquide complexe dans lequel les divers éléments de constitution réagissent les uns sur les autres, en tant d'alcool qu'acides ; ces acides naturels sont non seulement des agents de conservation, mais encore des agents de conversion et producteurs du bouquet.

C'est un fait avéré : le bouquet ne préexiste pas : il se forme sous l'action combinée, physiologique et chimique, des acides et de l'alcool, pour constituer les aldéhydes.

L'arome peut exister dans le raisin ; il est facile de s'en convaincre par la dégustation.

Mangez un raisin du Clos Vougeot et buvez un verre du vin que ce raisin aura produit : le premier ne vous donnera, par sa saveur, aucune idée du second ; donc le bouquet est le résultat de la transformation en produits éthérés, de l'alcool en présence des acides.

L'arome au contraire préexiste : nous le répétons. Mangez un raisin muscat et buvez le vin qu'il produit ; vous aurez toujours la même sensation.

Amélioration par le sucrage à la cuve.

En Bourgogne, le sucrage à la cuve, dans les années mauvaises surtout, est entré dans les coutumes, du moins en ce qui ce concerne les vins fins, les Pinots·

Ce sucrage, appelé chaptalisation ou vendange procédée, n'a rien d'illicite, et n'a aucun rapport avec le mouillage.

L'addition sur la cuve ou dans le moût de 5 kilos de sucre par pièce de vendange, n'a pour but que de ramener au degré du moût, la différence ou perte qui se produit, par la fermentation, soit environ deux degrés. Une pièce de vendange, pouvant rendre environ 150 litres de vin, additionnée de 5 kilos de sucre, donne une moyenne de 3 °/₀ d'alcool.

Dès 1800, Chaptal, conseillait l'addition du sucre au moût ; et si nous en croyons l'histoire, les vins des moines de Cîteaux ne devaient leur réputation qu'à ce procédé, inconnu alors, ou du moins peu connu. Le vin enrichi par l'addition de sucre pur, en pains même (le sucre de betteraves n'était pas connu alors) gagnait en force et en valeur.

Le mouillage est illicite ; les règlements tolèrent, pour la consommation familiale, la fabrication d'un vin dit de sucre, mais en aucun cas, n'en autorise la vente.

La loi du 28 juillet 1903, portant une réduction de 25 francs sur les droits des sucres, à partir du 1ᵉʳ septembre de l'année, a causé, et cela à juste titre, bien des émotions dans nos régions vinicoles.

L'article 7 de l'amendement Chaigne et Cazeaux-Cazalet autorise le sucrage des moûts jusqu'à concurrence de 10 kilos par 3 hectolitres de vendanges, sous la condition d'une déclaration préalable.

Trois hectolitres de vendanges additionnés de 10 kilos de sucre donnent environ deux hectolitres de vin, avec surélévation de trois degrés d'alcool, étant donné que, théoriquement, il faut 1 kil. 700 de sucre pour augmenter un hectolitre de un degré d'alcool.

Cette tolérance dans l'emploi du sucre ouvre, hélas ! la porte à la fraude, à la production en grand de simili vins, qui, par leur bon marché, font une concurrence déloyale aux vins naturels.

Déjà, de tous côtés, le cri de « delenda Carthago » retentit à nos oreilles. Supprimons radicalement le sucrage, ou bien asservissons-en l'emploi à des règlements sévères, à une surveillance rigoureuse, sinon, la betterave tuera la vigne !

Jusqu'à ce jour, soit jusqu'à l'époque du dégrèvement, la chaptalisation était surveillée, le sucre devait être dénaturé en présence d'un agent du fisc ; le producteur honnête se trouvait en règle avec les lois gouvernementales et, je dirai plus, avec les lois chimiques. Voici l'explication de cet aphorisme :

La quantité de sucre répandu par couches dans la cuve, ou dissous dans le moût variait de 5 à 8 kilos par pièce de vendange.

Pour les grands vins on employait exclusivement le sucre de canne, réservant pour les vins ordinaires et les blancs le sucre de betterave. Quelque blanc et raffiné que puisse être ce sucre cristallisé, il donne, à la fermentation, naissance à un alcool moins fin, contenant une certaine quantité d'alcool amylique, propionnique. butyrique. Sans doute, cet alcool est inférieur à celui produit par le sucre de canne, mais bien supérieur à celui produit par le sucre de fécule, qui contient de fortes quantités de cet alcool supérieur, l'alcool amylique, le Fusel de l'alcool de pommes de terre de l'Allemagne. L'alcool amylique est un poison fort dangereux, toxique à faible dose, agissant sur le système cérébro-spinal. Il cause bien plus de méfaits que l'alcool proprement dit, l'alcool éthylique, et c'est à sa présence dans les liqueurs communes, les bitters, les apéritifs à bon marché, qu'il faut principalement attribuer les ravages de l'alcoolisme.

En disant que le sucrage des vins fins par le sucre de canne ou encore par celui de la betterave, était limité, sous deux conditions, règlements administratifs et lois chimiques, nous n'avancions rien que de rationnel. En effet, la conversion du sucre proprement dit, en glucose, ou sucre interverti, est soumise à certaines lois chimiques et physiologiques, procédant des acides et des ferments.

La transformation du sucre ne se fait pas, dans un milieu trop sucré ou trop dense; une dose de plus de 8 à 10 kilos par pièce de vendange, paralyse la fermentation, elle devient incomplète, une partie du sucre reste dans le vin. La fermentation s'achève, tant bien que mal, dans les fûts, bien souvent incomplètement, le vin conserve un petit goût douceâtre, faute de conversion de ce restant de sucre en alcool, le liquide subit continuellement un petit mouvement de fermentation lente, le vin ne s'éclaircit pas, et ne peut être éclairci, par le collage.

Le léger goût sucré qu'on trouve, parfois, dans des vins (non mutés), clairs, n'est pas dû au sucre proprement dit; à la suite d'une fermentation spéciale, peu fréquente, l'alcool éthylique ou de vin subit une transformation en alcool sucré, la glycérine. Longtemps ignorée, la glycérine, qui est un alcool, se trouve dans tous les vins, dans des proportions restreintes que l'analyse est parvenue à déterminer.

Amélioration et renforcement par vinage.

Le vinage direct est peu en usage en Bourgogne; la chaptalisation est à peu près le seul mode de renforcement suivi. Pourtant, dans certaines contrées, nous voyons encore quelques vignerons, autant pour assainir les cuves que pour renforcer le vin, bassiner les contours avec de la bonne eau-de-vie de lie, de vin, de marcs, à raison d'un litre environ par pièce de vendange présumée, ou d'autres fois, répandre avant fermentation totale cette quantité sur le marc.

Le vinage par l'addition directe de l'alcool ou de l'eau-de-vie sans goût ne se pratique guère ou pas, si ce n'est au moment du collage d'un vin destiné à voyager et à être tiré en bouteilles, en conserve.

Il en est de même du vinage sucré par le mutage ; on fait si peu de vins doux, secs, liquoreux, en Bourgogne, que nous estimons ne pas entrer dans d'autres détails.

Le vin *de paille*, de l'Alsace, est même inconnu dans nos régions.

Décuvage.

Le complément de la vinification est la mise sous presse des cuvées ; le décuvage doit se faire quand tout mouvement de fermentation a pris fin, que les dernières bulles de gaz ont cessé d'apparaître, que le vin refroidi est sur la genne, que le moût fermenté dont la densité moyenne était de 1080 à 1090 (par exception il y a des moûts très sucrés marquant 1110 au densimètre), ne marque plus que 0° au glucomètre. A ce moment, il faut tirer la cuve sans tarder et sans se soucier des quelques petites quantités de sucre qui pourraient encore exister dans son sein. Une légère fermentation du sucre, dans les tonneaux, ne peut qu'augmenter la finesse et la couleur. Un cuvage trop prolongé donne, il est vrai, de la couleur, mais aussi de l'âpreté, et une perte d'alcool, par évaporation, si l'on n'a pas utilisé les bâches, ou autre mode de couverture.

Les longs cuvages sont, d'après certains vignerons, favorables ; par expérience, ils ont pu constater qu'ils obtenaient des vins plus colorés, plus sapides : cette observation peut être juste pour les plants français, les vinifera, mais non pour les cépages exotiques, et même pour certains hybrides qui n'ont pu être débarrassés de leur tare originelle.

Plus la cuvaison est rapide, courte, plus il y a de la chance à recueillir un vin sans goût spécial, goût foxé, framboisé, fraisé (ananas) et caractéristique aux Labrusca, aux Rupestris.

Par le mouillage, le sucrage, un rapide cuvage, un pressurage consécutif, on arrive à obtenir, pour le Noah par exemple, l'Othello, un vin potable, approprié à notre goût ; il en est de même pour le Clinton amélioré par semis, le Pouzzin qui, traité immédiatement au sortir de la vigne, peut donner un vin passable, alors que par une fermentation à la cuve, il ne nous rendra qu'un vin à odeur détestable, rappelant l'odeur écœurante, rance, de certains salons de parfumerie ou de laboratoire de pharmacien.

Si ce plant indigne de la Bourgogne se maintient encore çà et là, c'est qu'il présente, pour les palais blasés, un avantage.

Le Pouzzin est un cépage sauvage, résistant aux maladies diverses, à rendement abondant, demandant peu de soins de culture, à maturation tardive, imparfaite, donnant, malgré cela, un vin alcoolique.

En 1902, le Dr Trossat a conseillé, pour le défoxage de ces Pouzzins et autres plants plus ou moins sauvages, l'emploi de l'oxygène, agent brûleur ou réducteur de ces odeurs.

Les essais de laboratoire ont donné de bons résultats, que la pratique et l'application en grand n'ont pas encore justifiés jusqu'à ce jour. Comme, en toutes choses, mieux vaut prévenir que guérir, faisons un très léger cuvage, pressurons rapidement, avant que le goût n'ait eu le temps de se développer et d'empoisonner le vin.

Fermons cette longue parenthèse et occupons-nous du décuvage des vins bourguignons.

Deux ou trois jours avant le tirage de la cuve, mettons-la en perce au moyen d'un gros robinet en bois, et arrosons-en, deux fois par jour, le dessus, avec la quantité équivalente à celle qui surnage la genne. Par ce procédé, facile à faire soit à la pompe, soit à la sapine, on opère un mélange homogène, on lessive toutes les couches, on en opère la clarification, après quoi, il ne nous reste plus qu'à soutirer le tout.

La première portion du vin coulant par le robinet (fontaine, en Bourgogne) est appelée vin de pied ou de goutte; la deuxième portion s'écoulant du pressoir prend le nom de vin de première presse ou d'ablégement, puis vient le vin de la première presse proprement appelé serrée, et enfin le vin des dernières serrées.

Ces quatre sortes de vins obtenues par le tirage à la cuve ou par les presses en usage en Bourgogne, presses de tous genres et de tous modèles, depuis la presse antique à vis et à maie en bois, actionnée par une roue et un câble, jusqu'aux presses cylindriques, presses à cages, etc., etc., presses rotatives et autres, ces quatre sortes de vin, dirons-nous, n'ont pas la même composition, et comme le vin est un liquide complexe, il est indiqué que, par un mélange, on lui restitue sa constitution originelle, sa nature, à même de ses composants.

1° Le vin de goutte ne renferme pas tous les éléments de constitution;

2° Le vin du pressoir contient plus de tannin, il a de l'âpreté par le fait, et aussi les éléments acides, conservateurs.

Il importe donc d'ajuster un nombre de fûts présumé, d'y entonner trois quarts de vin de pied et de première serrée, et de les remplir avec le dernier pressurage formant environ le quatrième quart.

Dans les grandes exploitations, ce mélange se fait dans de vastes récipients, par le foulage à la pompe.

Ce n'est que comme mémoire que nous dirons un mot de la vinification sucrée et mousseuse; quoiqu'en Bourgogne on fasse beaucoup de mousseux, la Champagne n'en conserve pas moins et le monopole et la réputation.

Tous les vins peuvent être champagnisés ou rendus mousseux

par la méthode naturelle ou par la méthode artificielle ; les raisins de la Champagne, rouges ou blancs, entrent dans la préparation, sans distinction.

Il y a deux manières de champagniser les vins :

La méthode champenoise, la seule rationnelle, est celle suivie par les maisons sérieuses ; elle consiste à faire subir au vin une nouvelle fermentation en vase clos, au moyen d'un sirop de sucre interverti, et à engendrer dans le vin, à même, l'acide carbonique, ce gaz pétillant qui produit la mousse.

L'autre méthode, bien plus rapide, consiste à gazéifier le vin sucré au moyen d'appareils, par liquéfaction de l'acide carbonique, que de grandes industries fournissent dans des cylindres de fonte éprouvés à une très haute pression de cinq à dix atmosphères. C'est, en somme, le système perfectionné de la fabrication des sodas, des limonades, des eaux gazeuses artificielles.

Les vins chargés artificiellement d'acide carbonique sont moins stables que ceux obtenus par la méthode ancienne ; le gaz s'échappe d'autant plus vite qu'il a été refoulé pour ainsi dire, au lieu que le vrai champagne conserve. longtemps après le débouchage, le gaz qui, engendré à même le liquide, s'est dissous, faisant corps et partie intégrante du tout.

La fabrication des vins mousseux n'est pas un secret ; c'est, au au sens vrai, une spécialité qui exige un outillage spécial et une main-d'œuvre aussi habile qu'onéreuse.

Ustensiles et appareils employés dans la vinification.

Sans exiger une organisation de laboratoire, il est néanmoins utile, nécessaire, que le viticulteur ait, pour faire ses vins, quelques ustensiles de physique à sa disposition.

Pour la cuvaison, un thermomètre pour la cuve et pour le pressoir, un mustimètre pour le contrôle du sucre.

Pour le décuvage, un densimètre, glucomètre ; pour l'essai de la vinosité du vin, un capillarimètre ou un vinomètre.

Pour la détermination rapide de l'alcool, un appareil basé sur les degrés comparatifs de l'ébullition de l'eau et de l'alcool, appareil Maligand.

Pour la détermination exacte et minutieuse de l'alcool, un appareil à distillation dit de Salleron.

Les appareils à titrage du sucre, des acides, par les polarimètres, les liqueurs titrées de Fehling, de Barreswil, basées sur la réduction des sels de cuivre par la glucose rentrent dans le domaine d'un laboratoire de chimiste.

Résidus de la vinification ; leur utilisation.

En Bourgogne on ne distille, pour en extraire l'alcool, que les vins tournés. On utilise par contre les réserves, les dépôts, les lies, pour en retirer soit les gâteaux de lie tartrique, soit la partie alcoolique, désignée sous le nom d'eau-de-vie de lie. Le rendement est en raison de la richesse alcoolique, la qualité en raison de la nature saine du milieu producteur et des genres d'appareils employés.

Les appareils dit continus, rendent, du premier jet, des alcools à 54° ; les appareils à disques, à colonnes, à lentilles, à joints hydrauliques, fournissent des eaux-de-vie moins fines, moins fondues, que les appareils dits à repasses.

La distillation fractionnée améliore le produit, et permet au besoin de séparer plus facilement les alcools de tête et de queue. L'eau-de-vie de lie, sans avoir les qualités de l'eau-de-vie de vin, dont elle se rapproche, est supérieure, quand même, à l'eau-de-vie de marc.

Les vieux marcs de Bourgogne sont cependant fort estimés.

Ils sont le produit de la distillation des résidus de la presse des marcs, de la genne, non fermentée si elle provient de raisins cuvés, fermentée, dans le cas contraire.

Le mode de faire fermenter la genne non cuvée, de la serrer dans des tonnes, de la soustraire à l'action de l'air et en empêcher l'altération, la moisissure, de la *foncer* en la recouvrant d'un lit de feuilles et d'une couche de terre glaise, est d'un ordre pratique tellement usuellement connu, qu'il nous semblerait oiseux d'en parler plus longuement.

Comme conclusion à ce chapitre, un dernier mot. La loi de 1904 a supprimé le droit (que par euphémisme on appelle privilège du distillateur de cru. Elle a enlevé au petit propriétaire une part du minime bénéfice qu'il retirait, elle lui a porté un préjudice, sans enrichir, par ce fait, le Trésor, dont la plus-value des recettes ne porte que sur la production à grand jet des usines du Nord.

CHAPITRE IV

Caves, élevage des vins, soins à leur donner ; maladies des vins ; moyens usuels et techniques pour les combattre.

Un vieux proverbe dit : Le vin est tiré, il faut le boire ; à notre tour disons : les cuves sont tirées, il faut loger le vin, dans des caves et des fûts sains, pour éviter toutes chances d'altération. Les vins blancs, après avoir séjourné quelques jours dans un local à température normale, et subi, en fûts, la fermentation première sont descendus dans la cave spéciale, dite *à fermentation*, séparée des caves à conserve renfermant les vins faits. Vins rouges ou blancs, nouveaux, peuvent, sans inconvénient, se trouver côte à côte, dans cette cave dite à fermentation.

Une bonne cave doit réunir plusieurs conditions, savoir : être suffisamment en terre, pour maintenir en toute saison une température sans variations brusques, 10 à 12° minimum, 15° degrés au maximum. (Le minimum surtout ne doit pas être atteint, lorsqu'il s'agit de vins blancs dont la fermentation n'est pas terminée ; au-dessous de 10°, la fermentation se ralentit, elle peut même cesser, laissant ainsi une partie du sucre intransformé).

La cave ne doit être ni trop humide, ni trop sèche ; dans le premier cas, elle devient *meurtrière* pour la futaille, les marres, les cercles bois ou fer ; dans le second cas, elle use trop, par suite de l'évaporation constante du liquide par les pores du bois ; elle doit, en outre, être aérée par des soupiraux ouverts au N. ou N.-E., ne contenir enfin ni légumes, ni fruits, ni autres matières putrescibles.

Deux sortes de caves s'imposent donc à tout viticulteur soucieux :

Cave à fermentation pour les vins nouveaux ;

Cave à conservation pour les vins fermentés.

Les vins blancs dont la fermentation s'achève par le haut, doivent être surveillés chaque jour, et les fûts bondonnés légèrement qu'après la *jelée* de l'écume, formée par la levûre et les impuretés. Quant aux vins rouges, ils seront ouillés tous les huit jours, puis tous les quinze jours, enfin tous les mois ; puis, après toute disparition de fermentation et de dégagement de bulles de gaz, être scellés. Les remplissages ou ouillages devront toujours être faits avec des vins similaires en âge, en qualité ; toutefois on peut ouiller un vin nouveau avec du vin vieux ; l'inverse ne peut se faire. L'ouillage a pour but de combler le vide produit par l'évaporation, l'augmentation de la densité, et surtout d'éviter la formation de la fleur, végétation qui vit aux dépens de l'alcool et de l'air ; le mycoderma du vin est aérobie ; il ne vit qu'à l'air. Une cave humide, mal aérée, est un lieu propice, en plus, à la multiplication des germes de la moisissure, de la prolification des champignons qui prennent naissance dans le sol, gagnent les marres, la futaille, pourrissent le bois et rongent le fer.

L'aération est un moyen puissant de remédier au mal ; il en est de même du soufrage, si la disposition de la cave permet d'y brûler, soit dans une marmite, ou sur un objet résistant, du soufre de manière à détruire tous les mauvais germes, et tuer les animalcules qui se logent à l'orifice des fûts, et dont la présence est, presque toujours, l'indice d'un commencement d'acescence. Nous voulons parler de ces petites mouches, dites mouches à vinaigre. Là où il ne sera pas possible de brûler du soufre et d'imprégner de gaz acide sulfureux, l'air d'une cave, il y aura lieu d'assainir, pour le moins, le sol, soit en l'aspergeant avec une dissolution de 10 % de sulfate de cuivre, et 5 % de chaux, soit en répandant un mélange à parties égales de sel et de sulfate de fer. Il est contre-indiqué d'employer l'acide phénique, le phénol brut, ou toute autre matière goudronneuse, pouvant communiquer un goût au vin. L'assainissement des murs, des parois, se fera au moyen d'un badigeonnage à la chaux ou d'une pulvérisation d'un lait de chaux à 1/10, suivie d'une autre au sulfate de cuivre dans les proportions de 5 %.

Si la moisissure a atteint la futaille, avoir soin d'enlever à la brosse sèche tout ce qu'il sera possible, puis de badigeonner au pinceau les parties atteintes, avec une dissolution de 1 kilo pour 10 litres d'eau, d'hyposulfite de soude du commerce, produit industriel valant en droguerie de 0 fr. 50 à 0 fr. 60 le kilo. Ce produit est non seulement curatif, il est encore préservatif ; il enlève et détruit le goût du moisi et n'a pas l'inconvénient du chlore ou des substances chlorées, telles que les eaux de Javelle, le chlorure de chaux, dont l'odeur peut se transmettre aux vins. Notre énumération des soins de propreté à apporter dans la cave serait incomplète si nous n'ajoutions pas qu'il faut éloigner tous objets inutiles, tels que pièces de linge, bondes, bouchons, bois, moisis, et, dans le cas où il y aurait eu, par maladresse ou accident, du vin répandu sur le sol, de projeter, sur la place atteinte, de la chaux en poudre, ou des cristaux de soude grossièrement pulvérisés, de manière à neutraliser les acides et empêcher la formation du vinaigre. La chaux, la soude, en s'unissant au vin aigri, forment un composé inoffensif, un sel sur lequel le ferment du vinaigre est sans action

Propreté de la futaille.

Si, jusqu'à un certain point, il est admis qu'un fût plus ou moins bien *affranchi*, peut servir à y loger du moût, du vin *chaud*, il ne saurait, en aucun cas, être employé à loger des vins faits.

Affranchir un fût, lui enlever tout mauvais goût, est chose parfois difficile. De tous les moyens en usage, l'ébouillantage ou l'échaudage à la vapeur, soit par la vapeur à pression soit simplement par celle d'une chaudière ou cucurbite à distillation, permet un assainissement parfait. Pénétrant dans les interstices, les pores du bois, la vapeur portée à 100° minimum détruit tous les organismes et végétations malsaines. Ce moyen pratique est préférable aux procédés chimiques basés soit sur l'emploi des acides puissants, soit sur l'action du chlore, soit encore sur celle d'oxydants puissants, tels que le permanganate de potasse ou le peroxyde de manganèse.

Le premier mode chimique consiste à donner dans l'intérieur même du fût, naissance à du chlore, agent désinfectant et microbicide par excellence.

Opérant sur une pièce, on introduit à sec, 50 grammes de sel de cuisine, 20 grammes de peroxyde de manganèse, 1 litre d'eau, et en dernier lieu, avec un peu de précaution pour ne pas occasionner de brûlures et taches aux mains, aux habits, 50 grammes d'acide sulfurique. Ces substances devront être mises ainsi dans l'ordre indiqué, afin d'éviter tout accident, vu qu'on ne doit jamais verser l'eau sur l'acide, mais l'acide dans l'eau.

Il se produit, au sein du fût, une réaction chimique : le chlore naissant se répand à l'état gazeux ; on roule le fût dans tous les sens et, après réaction suffisante, on rince à plusieurs eaux.

2e mode. Dans un vase en terre, mettre deux litres d'eau, ajoutez-y peu à peu, en remuant avec une baguette en bois ou en verre, 125 grammes d'acide sulfurique ordinaire ; introduisez ce mélange dans le fût, laissez en contact quelques heures en roulant de temps en temps, puis rincez à l'eau froide pour commencer, puis à l'eau de chaux et enfin une dernière fois à l'eau claire, jusqu'à ce qu'une bande de papier bleu de tournesol ne vire plus au rouge.

L'acide sulfurique, vulgairement appelé huile de vitriol, est, de tous les acides, le plus puissant pour détruire les matières organiques, les germes, les moisissures ; il n'a qu'un désavantage, c'est d'être d'un maniement dangereux ; il brûle tout ce qu'il rencontre.

Un fût sain doit *prendre la mèche* ; le soufre ne brûle que dans un milieu oxygéné ; un fût vicié, dans lequel tout l'oxygène a été brûlé, *dévoré* par les aérobies, ne prend pas la mèche ; la mèche s'éteint, faute d'oxygène, gaz comburant qui, en s'unissant aux vapeurs de soufre, se transforme en acide sulfureux. Dans ce cas, il faut, après avoir bien rincé le fût, le débondonner, l'exposer à un courant d'air pur, ou, au moyen d'un soufflet, y introduire l'élément vital, remplacer l'air vicié par l'air sain, afin de pouvoir, en dernier terme, y opérer la combustion d'une mèche soufrée.

Le méchage des fûts vides, et leur conservation, se fait dans le même ordre. Aussitôt vidé et rincé, il faut y brûler un bout de mèche, tant pour s'assurer s'il *prend réellement* la mèche que pour neutraliser tous les germes encore existants ; les vapeurs de soufre s'emparent de l'eau qui imbibe les parois, l'anhydrique sulfureux gazeux devient acide sulfureux liquide ; les Bourguignons appellent cela, *sécher le fût.* 24 heures après, le fût bien égoutté sur bonde est méché une seconde fois et scellé à fond.

Ces divers modes d'assainissement de la petite futaille ne sont pas applicables aux foudres, lesquels doivent être mécaniquement nettoyés à la brosse et passés à l'acide sulfurique dans les proportions de trois litres d'eau et d'un litre d'acide sulfurique ajouté peu à peu ; cette opération est très délicate, elle est difficile, toute éclaboussure devenant dangereuse. On n'a recours à ce procédé que dans les cas extrêmes ; d'habitude on se contente de gratter les parois, de les nettoyer à la brosse, et de rincer, à plusieurs reprises, en introduisant par une des ouvertures la lance d'une pompe.

Si pour le logement des vins fins, il est indiqué de faire usage de fûts neufs en chêne, il n'en est pas de même des vins ordinaires qui se contentent d'un logement usagé, pourvu qu'il soit sain ; c'est d'un usage courant, de loger les vins ordinaires, en foudres, en fûts avinés, entartrés. Dans les années d'abondance comme en 1865, 1875, 1900, 1901, n'a-t-on pas utilisé, pour loger le grand excédent, les cuves à fermentation, en *les fonçant* c'est-à-dire en les recouvrant d'une couche de plâtre, sans qu'il en soit advenu grand mal !

En Bourgogne, on loge d'habitude les vins fins nouveaux dans des fûts neufs, les blancs en feuillettes de 114 litres, les rouges en fûts ou barriques de 228 litres, les vins vieux destinés à la vente, à l'expédition, dans des fûts avinés. Le bois vert avive la couleur du vin (action du tannin, des gallotannates de chêne), mais nuit à la finesse, en ce qui concerne les vins vieux.

Les expéditions se font généralement à la jauge du pays, par fûts de 228 litres, de feuillettes de 114, de quartauts de 57 litres, très rarement en muids ou demi-muids. Le grand commerce a adopté le système décimal et livre d'habitude au poids ou à la mesure de l'hectolitre ; il serait à désirer que ce mode entrât dans les habitudes, à l'avantage de l'acheteur et du vendeur : les jauges des divers centres de production devenant de plus en plus surannées. Rien ne serait plus facile au petit récoltant que de vendre son vin à l'hectolitre, sans avoir les connaissances nécessaires pour chercher l'inconnue par la règle de trois ; une multiplication et un changement de virgule lui permettent d'établir le prix du litre, ou de l'hectolitre à 1/10,000 près, savoir :

Prix de la pièce de 228 litres $\times$ 44 : 10,000, soit :

$$\text{228 litres vin} = \frac{60 \times 44}{10.000} = 26 \text{ fr. 40 l'hectolitre ou 0 fr. 264 le litre.}$$
vendu à 60 nu.

Soutirages.

Quand et à quel moment doit-on soutirer les vins sur chantier? Le plus tôt possible quand les vins sont mal constitués ; le plus tard possible s'ils sont forts et robustes.

1er cas. Dès que la saison froide a amené la clarification du vin, et que le temps favorable permet l'ouverture des caves, fin février ou commencement de mars.

2e cas. Fin mars ou avril.

Ce premier soutirage ne dispense pas d'un autre qui se fait d'habitude fin août ou commencement de septembre, avant l'arrivée des vendanges. Il n'y a aucun inconvénient à faire un soutirage tardif, quand les vins sont ceux d'une bonne année, qu'ils sont sains, qu'ils reposent sur des lies franches, que bien récoltés, bien vinifiés, ils ne contiennent que peu ou pas d'éléments malsains ; par contre, un soutirage hâtif s'impose lors des années mauvaises où le vin doit, le plus tôt possible, être débarrassé des germes nocifs produits par la pourriture, la grêle, et en général par les maladies cryptogamiques, parasitaires, et autres fléaux naturels ou accidentels.

Quoi qu'en disent certains vignerons bourguignons, la lie n'est pas une nourriture ; elle ne peut l'être, sans quoi les soutirages ne seraient que lettre morte : tout au plus peut-elle être d'un secours, lorsque dans les vins blancs, il y a apparence de *graisse*, de *filant*, ou de fermentation incomplète.

Réveiller les ferments qui sommeillent, mêler le tartre qui s'est précipité, tel est encore, çà et là, le mode pratique usité en Bourgogne.

Les soutirages se font à la sapine, à la pompe pour les vins ordinaires, au boyau ou au soufflet pour les vins fins, de préférence par un temps clair, serein, sans perturbations atmosphériques.

Jaloux de posséder de belles caves, de pouvoir offrir à l'acheteur des produits irréprochables, le producteur bourguignon s'entoure de toutes les précautions nécessaires pour justifier la qualité, la renommée de ses crus; il s'assurera presque journellement de l'état de ses caves, de leur propreté, de l'état des fûts, du remplissage, de la température du local, et, à cet effet, il aura à sa disposition, non pas un assortiment complet de laboratoire, mais au moins, les instruments les plus indispensables, tels que :

Mustimètre, glucomètre, pour la détermination du sucre avant et après le soutirage ;

Thermomètre, pour la cuvaison ou pour les caves ;

Alcoomètre Cartier, ou centésimal, pour la détermination du titre alcoolique des eaux-de-vie ;

Un vinomètre ou un capillarimètre, donnant rapidement avec une approximation suffisante, le degré du vin.

Ces vinomètres, sont basés sur la différence d'adhésion, entre l'eau et l'alcool, dans un tube capillaire, et peuvent remplacer les appareils plus précis, tels que l'appareil de Maligand, dont le fonctionnement est basé sur la différence du point d'ébullition, entre l'eau et l'alcool, étant donné que sous pression normale, l'eau bout à 100 degrés, l'alcool à 78 degrés. Cet appareil a l'avantage de donner rapidement une fois la mise au point faite, la richesse alcoolique des vins ; il est moins exact que l'appareil à distillation, dit de Salleron, qui donne avec grande précision la teneur en alcool. C'est d'ailleurs le seul instrument adopté par la Régie et par les laboratoires officiels.

Placé souvent à distance d'un centre d'approvisionnements, le producteur devra avoir à sa disposition les quelques produits suivants :

Pour le collage des vins délicats (à défaut d'œufs frais), une certaine quantité d'albumine desséchée, ou de lactocolle (caséine du lait, substance analogue à l'albumine), pour les vins blancs, de tannin à l'alcool, de colle de poissons ; pour les vins ordinaires, rouges ou blancs, d'albumine de sang en poudre, de gélatine en plaques, que le commerce livre sous le nom de colle du soleil, Ostéocolle, de gélatine Coignet, et dont nous aurons occasion de parler plus longuement à l'article : *Clarification des vins.*

Altérations des vins.

En ouillant fréquemment les vins, en les soustrayant au contact de l'air au moyen de bandes et pièces de toile bien conditionnées, on évite une des plus fréquentes, sinon des plus dangereuses, altérations, savoir, *la fleur*, production cryptogamique qui naît, se développe sous forme de pellicules blanches, à la surface de tout liquide vineux, exposé à l'air. Aérobie, ce cryptogame meurt ou cesse de se développer, s'il on le prive d'air, ou d'oxygène : de là, l'utilité de substituer, au moyen d'un léger méchage à l'air d'un fût en vidange, un air privé d'oxygène.

Dans l'état actuel de la science, *la fleur* est considérée comme un micro-organisme, dont les germes éclosent à l'air, et qui se nourrit aux dépens de l'alcool. La présence de cet organisme appelé *mycoderma vini*, vivant ainsi, non au sein, mais à la surface du vin, ne constitue pas un mal bien grave, mais il offre quand même un danger réel, si par sa propagation active et abondante, il donne naissance à un autre organisme plus puissant, le mycoderme qui engendre le vinaigre, ce ferment, appelé mycoderma aceti, le vrai transformateur en acide acétique ou vinaigre, de l'alcool. La phase première de l'acescence, *du piqué*, est celle de la fleur.

Les vins acides *verts*, les vins alcooliques, *fleurent* moins facilement que les vins *tendres* et de force alcoolique faible.

En somme, la fleur est un ferment qui vit et ne se développe qu'au contact de l'air ; c'est un produit d'oxydation dont l'utilité est des plus contestables ; elle est le premier terme d'une altération, dont le second terme sera représenté par le vinaigre.

L'oxygène, avant tout, lui est nécessaire pour vivre, pour se développer, à preuve, c'est que l'acétification ne peut jamais se produire dans un liquide ensemencé avec la mère de vinaigre même, si l'air n'intervient.

Dans l'aigrissement du chapeau, c'est également l'action de l'air, qui engendre et vivifie les germes.

Un vin acidifié, *piqué*, par le chapeau, ne se bonifie pas par la mise en fûts ; au lieu de *fleurer*, il aura plus de tendance à s'acidifier.

A un vin fleuré, remède il y a ; à un vin piqué, non.

Pour peu que le vin renferme de l'acide acétique en proportions notables, la distillation ne produira jamais qu'un alcool à odeur acétique (l'acide acétique passant à la distillation avec la plus grande facilité). Un vin légèrement piqué pourra, à la rigueur, être rendu potable, en saturant l'excès d'acides par du tartrate neutre de potasse, ou sel végétal, qui fixe l'acide par combinaison chimique, sous forme d'acétate de potasse, substance inoffensive, à dose peu élevée, et se dédouble alors en tartrate acide ou crème de tartre, un des éléments naturels du vin.

L'addition de ce sel potassique ou d'un autre produit alcalin, soit craie, chaux, potasse, n'est qu'un semblant de guérison, un palliatif ; aussi ne saurions-nous nous empêcher de citer la réponse d'un spirituel chimiste, à qui l'on demandait conseil : « Vous me demandez mon avis au sujet d'un vin piqué qu'il s'agit de rétablir ; le voici :

« Votre vin est piqué, eh bien, piquez-vous d'émulation pour le boire le plus vite possible et vous en débarrasser. »

Cette boutade n'infirme pourtant en rien le procédé de neutralisation par le sel végétal ou tartrate neutre de potasse.

On peut, jusqu'à un certain point, rendre potable un vin piqué, si l'on y ajoute, en solution dans de l'eau ou dans une certaine quantité de vin même, la dose de sel végétal, calculée ou fixée par tâtonnements, dans les rapports de trois à quatre grammes par un gramme d'acide. A moins d'avoir à sa disposition les appareils à dosage acétimétrique, il est difficile de fixer la quantité de sel végétal à employer, soit de 75 à 150 grammes par hectolitre, suivant l'accentuation du piqué.

Une forte quantité de vin piqué ne peut trouver emploi utile qu'entre les mains d'un fabricant de vinaigres ; de faibles quantités pourront, avec tout profit, être converties en vinaigre de ménage.

Rien ne semble plus aisé que de convertir en vinaigre un vin piqué ; il suffit, croit-on, d'y ajouter un peu de mère de vinaigre ; il n'en est rien. L'acétification est soumise à certaines lois qu'on ne peut transgresser. Si l'acétification n'est pas bien dirigée, une fermentation glaireuse intervient, tout l'alcool, base du vinaigre dont il est un terme secondaire, disparaît ; le liquide *pourrit*, s'affadit, et ne s'acidifie pas ; une abondante végétation, visqueuse, quasi gélatineuse comme du mou de veau, du frai de poisson, envahit le récipient.

Le mode économique, domestique, pratique, sera le suivant :

Dans un petit fût, de 25 à 32 litres, bien propre, percez sur un des fonds, une ouverture, à la mèche, pour le robinet ou cannelle, une autre au 1/3 environ de la hauteur totale ; sur l'autre fond, faites une ouverture semblable, destinée au passage libre de l'air. Fermez toutes ces ouvertures avec des liéges, versez dans le fût 4 à 5 litres de bon vinaigre de vin chauffé à 50° environ, roulez en tous sens de manière à bien imprégner le bois, ajoutez 4 à 5 litres de vin piqué (ou de résidus de vin, clair, passé au filtre) ; enlevez les bouchons, de manière à laisser circuler un courant d'air, placez le fût dans un milieu chaud (les abords d'un potager, ou foyer d'un usage journalier). Au bout de quelques jours, mettez la cannelle en fonction, retirez une quantité de vinaigre que vous remplacerez par autant de vin que vous aurez soin d'introduire dans le petit fût, par un tube en verre, ou une tige de sureau, surmonté d'un entonnoir, jusqu'au fond du liquide, de manière à ne pas briser le voile surnageant qui le recouvre, ce voile étant le générateur du vinaigre, et ne vivant qu'au contact de l'air. Successivement, on opère ainsi à l'infini, sans aléas aucuns.

Vins aigres, vins acides, sont deux termes tout différents.

Un vin acide naturellement, est dit, *vin acide, vin vert*; un vin acide accidentellement, est dit *vin aigre*, ou *bis aigre*. Cette expression bourguignonne, qui ne figure dans aucun dictionnaire classique, délimite ces deux genres ; elle est typique : aigre et bisaigre sont, pour la Bourgogne, termes nettement spécifiques, qui excluent celui d'*échaud* qu'on applique principalement à l'aigrissement du chapeau.

L'acidité normale d'un vin, sa verdeur, n'est qu'un état constitutionnel, dû à une maturation imparfaite, à la nature du cépage et non à une acétification, à une transformation du sucre en alcool et acide acétique ; cette verdeur due à un excès d'acides malique, tartrique, tannique non transformés en sucre, ne constitue pas un état maladif.

En quantité normale, la présence de ces acides est la bienvenue ;

elle est une contribution précieuse, à la tenue, la saveur, la fraîcheur du vin. Un vin acide, *vif*, suivant une expression courante, sera de meilleure conservation qu'un vin *tendre chat à boire*, surtout quand il s'agit de vins blancs, qui en raison même de cette tendreté, ont des tendances à graisser, à *filer*. Un vin devient graisseux, filant, parce qu'il manque d'acides et surtout d'acide tannique. On remédie, facilement même à ce défaut, par l'addition de tannin, par un fouettage à l'air, ce qui revient à dire que l'on opère un collage, une précipitation de la matière glaireuse.

Avant que l'on eût connu la nature microbienne du ferment de la graisse, on attribuait cet état maladif à une prédominance de certains principes azotés, la glaïdine, substance organisée résultant d'une seconde fermentation toute particulière. Fermentation imparfaite, manque d'acides, de tannin surtout, c'est là que gît le mal. En effet, les vins bien cuvés, rouges ou blancs, ne graissent jamais.

La graisse atteint principalement les vins blancs, obtenus sans cuvage ; aussi n'est-il pas rare de voir nos bourguignons, rouler les fûts pour opérer un mélange des lies, des tartres, puis faire le soutirage. Ce procédé antique ne vaut pas celui du tanisage qui consiste à introduire par feuillette de 10 à 12 grammes de tannin dissous dans de l'eau-de-vie ou du vin même, de bien mélanger à la taudine ou au bâton, et d'opérer ainsi un collage, suivi, 8 ou 10 jours après, d'un soutirage.

Il existe un troisième moyen de *dégraissage*, c'est celui qui consiste à aérer le vin, à le recevoir dans une ronde, à le fouetter avec un balai de bouleau, à le remettre en fûts et, après repos, à le soutirer. Cette méthode a un inconvénient, en ce sens, qu'il y a perte d'une certaine quantité d'alcool et de bouquet.

Les trois traitements sont tous curatifs ; ils ne sauraient être préventifs qu'à la condition de ne pas exprimer de suite le raisin, mais de le faire cuver un ou deux jours, ce qui n'entre pas dans les us et coutumes de la Bourgogne où l'on exige un vin incolore.

Et pourtant, mal est de médire d'un vin blanc coloré en jaune, en vert, quand on voit qu'on déguste nos vins de la vallée du Rhin, de l'Alsace, si bouquetés et si diversement colorés !

Pousse, Tourne.

Ces deux maladies sont généralement connexes.

Très fréquentes dans les exploitations mal faites, dans les cuvages peu ou mal soignés, la pousse et la tourne sont des altérations maladives dues à des micro-organismes.

Elles ont certains points de ressemblance, mais il est bon toutefois de ne pas les confondre et de savoir leur appliquer un traitement spécial, malgré l'origine commune du mal dû aux causes suivantes :

. Raisins récoltés pendant les pluies froides d'où fermentation lente et difficile, récolte grêlée, raisins mildiousés. raisins atteints de la pourriture verte.

Dans la tourne, une partie des acides, du tartre, sont détruits : la couleur se modifie, elle devient louche, sale ; le vin prend un goût de fade, il n'a plus de *corps*. Le sucre disparaît au moment de sa conversion, pour se changer en acide lactique, propionnique, à odeur détestable.

Un vin tourné est un vin perdu pour la consommation : il n'est bon qu'à mettre à la chaudière pour en retirer de l'eau-de-vie, encore vendable à des prix quelque peu rémunérateurs.

La pousse est un état maladif, moins grave peut-être. Une nouvelle fermentation se produit. dans la futaille ; sous l'empire des mauvais ferments. il y a dégagement de gaz acide carbonique au point de faire sauter. parfois, la bonde : d'où le nom spécifique de *pousse*, fait qui ne se présente pas dans la tourne.

Dans ces deux cas, les traitements, préventifs ou curatifs. sont les mêmes.

Préventifs, vinification en blanc, sans cuvaison ;

Curatifs, soutirages et méchage. ou mieux sulfitages par un sel (sulfite de soude ou de potasse) :

Filtration, chauffage de 60 à 65° au maximum.

Le chauffage n'étant pas un mode à la disposition de tous, mieux vaut recourir à de fréquents soutirages dans de la futaille méchée, du vin auquel on aura ajouté 40 à 50 grammes de tannin (par pièce) dissous dans un 1/2 litre de vieille eau-de-vie sans goût.

Les vins communs sont plus sujets à ces deux maladies, que les vins de choix, qui, bien récoltés, ont une constitution d'autant plus saine qu'ils ont été faits avec plus de soins et dans des conditions meilleures.

Goût de moisi.

Le goût de moisi provient de la pourriture du raisin et doit être attribué principalement à la présence des champignons du Penicillium glaucum (pourriture verte), puis à celle en quantité plus ou moins abondante des divers cryptogames qui ont élu domicile dans les vases vinaires mal entretenus.

Ce goût se confond. parfois, avec celui de *rance* : comme remède curatif. on a préconisé l'emploi de l'huile. qui s'empare de la matière odorante, du charbon qui la retient dans ses pores. du marc de café, et enfin, de la farine de moutarde employée méthodiquement comme il en sera parlé, plus loin, dans le traitement du *rance*.

Amer, Vins absinthés.

L'amer peut être considéré comme un état maladif aigu. et parfois comme un état chronique. en d'autres termes, un mal de vieillesse, suivant que la constitution du vin, la nature du sol, le cépage ont joué un rôle. La forme chronique ou de vieillesse s'attache de préférence aux Pinots fins, et cela par la bonne raison sans doute, qu'ils sont destinés à vivre plus longtemps que les vins ordinaires qu'on ne conserve guère.

D'après A. de Vergnette, l'amer est le résultat de l'oxydation de la matière colorante ; cette oxydation ne peut être attribuée à l'air, par la raison qu'un vin sain et parfait, mis en bouteilles hermétiquement closes, avec les soins les plus parfaits, soustrait en un mot à l'accès de l'air s'absinthe au bout de quelques années, en perdant sa couleur sous forme d'un dépôt de plus en plus dense.

Pour les vins de Bourgogne, la limite varie de 10 à 20 ans. Cette maladie de la vieillesse est, physiologiquement, comme le prouvent les savants travaux, les recherches de M. Béchamp, le premier terme de l'évolution en bactéries, de ces corpuscules vivants infiniment petits, timidement reconnus par A. de Vergnette dans son magistral travail « Le Vin » comme étant les granulations vivantes moléculaires appelées microzymas de Béchamp.

L'amer, en tant que maladie aiguë, peut débuter dès le jeune âge, dans un laps de temps d'autant plus restreint que le champ d'action du microzyma sera plus propice, que le vin manquera de constitution, qu'il renfermera moins d'acides, surtout de tannin, que par égrappage, il sera plus tendre. Cette tendance précoce à l'amer est spécifique pour les vins rouges de la Haute-Saône qui ont été faits par égrappage, et qui, partant, ne contiennent pas le contingent des principes astringents, acides, que la rafle devait lui apporter.

Un vin absinthé, par vieillissement, est incurable. Comme remède préventif et même curatif des vins à tendance à l'amer, on se basera sur le manque des éléments acides et tanniques pour y ajouter par hectolitre :

150 grammes d'acide tartrique ;
15 grammes d'acide citrique ;
10 grammes de tannin ;

coller au blanc d'œuf ou au lactocolle et soutirer quelques jours après dans des fûts très peu méchés.

Casses.

On distingue, actuellement, quatre formes de casse :

Casse brune, casse jaune, casse bleue, casse blanche.

Le plombage des vins blancs en est une forme, il n'y a que changement de désignation ou de nom.

Soustraits à l'action de la lumière, de l'air, les vins blancs, sujets à la casse, semblent parfaits ; mais dès qu'un fût, une bouteille se trouve être en vidange, que le vin subit le contact de l'air, une altération se produit ; le liquide acquiert un goût de cuit, il brunit plus ou moins fortement suivant l'intensité du mal, et laisse déposer des matières brunâtres, floconneuses qui altèrent sa limpidité et son goût. Ce brunissement n'est autre que le résultat de l'action oxydante des ferments malsains qui, endormis et sans air, se raniment à la lumière, à l'air, brûlant toute une série de substances, de produits inhérents à la matière colorante, aux substances tannoïdes, à l'alcool lui-même.

Jadis on disait d'un vin changeant de couleur à l'air : le vin se plombe, par figuration de la couleur grisâtre ; aujourd'hui on dira : le vin se casse.

Comme remède préventif et curatif, on employait, de tout temps, les vapeurs de soufre et le collage au lait : autant que possible, on soutirait le vin à l'abri de l'air dans des fûts fortement méchés (entre deux vins) et on collait.

On connaît, actuellement, la cause de la casse ou du plombage des vins blancs ; elle est due à des ferments solubles, dits diastases, plus connus sous le nom d'oxydases, et, suivant l'intensité, on applique comme traitement les acides tartrique, citrique, le soufre sous forme de vapeurs d'acide sulfureux, ou de sel sulfité.

La casse était peu connue autrefois, avant l'ère des greffes et des maladies cryptogamiques, et, en tout cas, était confondue avec l'altération, en couleur et en goût, de *la tourne*.

Intimement liées entre elles, ces altérations constituent la casse jaune ou brune, oxydasique, la plus fréquente tant pour les vins blancs que pour les vins rouges, produits par des raisins altérés par la grêle, par le mildiou, par la pourriture grise du Botrytis ou par celle de la pourriture verte, le Penicillium glaucum. Ces ferments nocifs s'attaquent à la matière colorante, tannoïde, l'oxydent et la détruisent. Casse jaune, casse brune sont deux altérations patholo-giques qui ne diffèrent entre elles que par l'intensité de coloration du dépôt et l'aspect trouble du vin.

On dit qu'un vin se casse, quand, exposé à l'air, à la lumière dans un verre recouvert d'une feuille de papier, il se trouble, jaunit, brunit, dépose une matière floconneuse quand il s'agit de vin blanc, et quand il s'agit de vin rouge, d'une matière brunâtre, couleur chocolat. Suivant l'état maladif, la casse brune ou jaune apparaît au bout de quelques heures déjà, le vin acquiert un goût désagréable de *cuit* et se couvre de reflets irisés. Tels sont les caractères de ces deux genres de casse, jaune et brune.

La casse bleue, appelée aussi casse ferrique, est due aux mêmes causes, elle ne diffère des casses brune et jaune que par la couleur, l'aspect bleuté du dépôt, aspect dû à une oxydation du sel ferreux et son passage de sel au minimum en sel au maximum (FeO en $F^2 O^3$).

La casse bleue ou ferrique peut coexister dans les vins rouges, avec la casse brune ; dans ce cas, comme nous le verrons à l'article traitements, la guérison est plus compliquée et nécessite un traitement mixte.

La casse blanche n'est pas une maladie spéciale, elle peut apparaître côte à côte avec les deux autres formes, ou être distincte, soit dans les vins rouges, soit dans les vins blancs. Elle est caractérisée par un trouble laiteux et un dépôt blanchâtre, faciles à reconnaître, isolément, mais difficilement quand il y a mélange d'autres casses.

Traitements préventifs et curatifs.

Les traitements diffèrent suivant la nature et la présence de une ou de plusieurs formes de casse.

Pour les casses oxydasiques, jaune et brune, le soufre soit sous forme d'acide sulfureux (mèche en combustion) ou sous forme de sulfite en dissolution, constitue le remède radical, le moyen par excellence, préférable à la pasteurisation si dispendieuse et si peu pratique.

L'emploi de la mèche est simple, commode, mais le dosage très aléatoire ; celui du bisulfite de potasse, dont la teneur en soufre est connue, est préférable. Par des essais préalables on a pu se rendre compte de la quantité d'acide sulfureux nécessaire et ainsi rationnellement traiter par exemple : un hectolitre de vin par une quantité calculée de bisulfite variant de 4 jusqu'à 16 grammes, sachant que ce sel dégage la moitié de son poids d'acide sulfureux ; de plus sachant que 10 grammes de bisulfite de potasse correspondent à 5 grammes d'acide sulfureux et à autant de mèche consumée ; à moins de se servir de méchoirs à godets, où le soufre liquéfié finit par se consumer en entier, il est difficile de doser la quantité voulue ; on évite cet inconvénient en faisant usage des sulfites. Ce sel est dissous dans une petite quantité d'eau, la solution est bien mélangée, soit par agitation ou par roulage du fût. Si l'on opère sur de grandes quantités, on disposera le sel dans un nouet qu'on suspendra dans le liquide par la bonde du haut. La dissolution se fait lentement, mais sûrement dans de bonnes conditions.

Dans les casses oxydasiques, l'emploi du soufre détruit momentanément la couleur rouge ; cette décoloration n'a pas de durée, au premier soutirage le rouge se ravive.

Il faut bien se persuader d'une chose, c'est que le soufre est un décolorant, qu'étant employé dans la casse oxydasique, il précipite la matière colorante altérée ou en train d'altération et n'attaque que faiblement la matière saine, ce qui explique le fait qu'un vin pâli traité par le soufre, reprend au premier soutirage sa vivacité de couleur, sinon son intensité, puisqu'une partie de la matière colorante a été détruite et s'est déposée. Des cris de réprobation contre l'inconvénient du soufre se font entendre çà et là ; ils ne sont que l'écho d'insuccès partiels, dans les cas où il y a deux ou trois sortes de casse nécessitant un traitement mixte.

Casse bleue.

Le soufre est absolument sans action dans la casse bleue. Il faut avoir recours aux acides végétaux, soit à l'acide tartrique à la dose de 25 à 100 grammes par hectolitre, ou à l'acide citrique à la dose de 15 à 50 grammes seulement, dissous préalablement dans une petite quantité d'eau et additionné au vin ; un léger tanisage au moment du collage à la caséine achèvera le traitement.

Casse blanche.

Le chauffage, le soufre, l'acide tartrique n'ont aucune action curative ou préventive même. Seul, l'acide citrique à la dose de 25 à 50 grammes par hectolitre agit : le collage et le soutirage amènent la guérison rapide de ce vin cassé et cassable faute d'acides en quantités suffisantes pour terminer, en temps voulu, la fermentation.

Nous avons indiqué les trois modes de traitement individuel ; mais il peut arriver (nous en avons eu des exemples en 1902) qu'un vin rouge soit atteint simultanément des trois formes ; si, par des essais en petit, on a reconnu le fait, on pourra par une seule et même opération arriver à la guérison, en soumettant le vin à l'action du soufre et du mélange citro-tartrique indiqué ci-dessus.

L'addition de ces trois substances ne peut en aucun cas être nuisible ; les acides végétaux, tartrique, citrique ont place au foyer ; quant au soufre, il se dissout sous forme d'acide sulfureux en partie dans le vin, une autre partie se transforme en présence des sels potassiques, en sulfates, sels sans action nuisible, à dose raisonnable ne dépassant pas la limite autorisée par le plâtrage des gros vins du Midi.

Goût de punais, d'œufs pourris.

Aux vins ayant contracté l'odeur de l'hydrogène sulfuré, d'œufs pourris, on ne peut appliquer qu'un remède curatif, plus ou moins radical, en le traitant, homéopathiquement, c'est-à-dire en traitant l'altération sulfureuse par le soufre même.

Les causes du mal sont peu nombreuses, et la plupart du temps, dues à la présence accidentelle du soufre dans la vendange, ou dans un fût renfermant du jus en fermentation. Il peut arriver qu'un soufrage tardif, apporte dans la vendange une certaine quantité de soufre interposé, lequel sous l'action des ferments se décompose en hydrogène sulfuré, H S

Le soufre, les sulfites, les sulfates, en présence de matières organiques et cryptogamiques donnent facilement naissance à l'hydrogène sulfuré : la sulfuration de certaines eaux minérales des Pyrénées n'a pas d'autre origine. Ces matières organiques sont désignées sous le nom de barrégine, glaïrine. Ces substances analogues au mucus animal, encore mal connues, sont, d'après les plus récentes recherches, un mélange de produits organiques et inorganiques.

On peut, jusqu'à un certain point, se débarrasser du mauvais goût d'œufs pourris ou mieux d'hydrogène sulfuré (on a tort de dire que ce gaz sent les œufs pourris, le contraire devrait se dire, ce sont les œufs pourris qui sentent l'hydrogène sulfuré) par des soutirages à l'air et des récipients en cuivre qui fixent une partie du gaz, pour former un composé insoluble, inodore, le sulfure de cuivre qui se dépose et se sépare par un nouveau collage et soutirage. L'hydrogène sulfuré étant un gaz très volatil, une grande partie s'élimine au contact de l'air.

L'emploi de l'acide sulfureux par combustion de la mèche donne des résultats parfaits, conformes à la théorie chimique.

Les fûts seront fortement méchés, entre deux vins de préférence, et dans cette opération, le mauvais goût disparaîtra dès que la décomposition chimique se produira.

En effet les vapeurs de soufre, ou l'acide sulfureux en présence de l'hydrogène sulfureux, se dédouble en son élément primitif, le soufre, et l'eau.

2 équivalents d'acide sulfhydrique et 1 équivalent d'acide sulfureux donnent 2 équivalents d'eau et 3 de soufre.

$$2 \ H \ S + S \ O^2 = 2 \ H \ O + 3 \ S.$$

ou en formule atomique :

$$\left. \begin{array}{c} 2 \ H^2S \\ S \ O^2 \end{array} \right\} = \begin{array}{c} 2 \ (H^2O) \\ 3 \ S. \end{array}$$

le soufre se précipite, insoluble, dans le fond du fût.

Goût sucré.

Dans le sens propre du mot, le goût sucré ne peut être considéré que comme le résultat d'une mauvaise fermentation, mais non d'une altération. Il arrive parfois que les vins vinifiés en blanc restent sucrés, par suite d'une fermentation incomplète, accomplie dans de mauvaises conditions de température, dans un local ou une cave où cette température ne dépasse pas 12°.

Dans ce cas, il faut hâter la transformation du sucre en alcool, en changeant le milieu, en y élevant la température pour réveiller les ferments qui sommeillent, leur donner une vitalité nouvelle, soit par des soutirages dans des fûts bien échaudés, soit par le chauffage des locaux au moyen de braseros ou d'une source de chaleur quelconque.

Une fois en mouvement, les ferments s'habitueront vite à leur état de séjour et parferont la fermentation.

Goût de rance.

Le goût de rance que l'on observe dans les vins, est dû à la présence de certains acides gras, volatils et principalement à l'acide butyrique engendré au sein d'un vin, tendre, mou, insuffisamment chargé d'acides naturels, ou d'un liquide sucré, à fermentation lente. Plus un liquide est sucré et dense, moins la fermentation est rapide, surtout si le milieu est peu acide. Prenons une solution sucrée concentrée, ajoutons-y soit de la levûre de bière, soit de la lie de vin ; qu'arrive-t-il ? Une franche fermentation ne s'établira pas ; au plus, il adviendra qu'une fermentation lente s'établisse, que cette fermentation passe à l'état glaireux avec production d'alcool, rapidement oxydé en acide acétique, puis en acide butyrique. L'interversion du sucre par les acides naturels du vin, la dilution du liquide, amèneront rapidement une fermentation normale, tumultueuse même. Cette remarque est topique, dans le cas où l'on opère sur les cerises, les prunes enfûtées, sans eau.

Le jus de ces fruits, trop riche en sucre, a une densité qui s'oppose à une bonne fermentation.

Le rance étant formé de certains produits d'altérations solubles dans les huiles, il est naturel que l'on ait eu l'idée d'en affranchir les vins, en employant l'huile d'olives : l'huile s'empare de ces essences à mauvais goût ; mais l'opération n'est pas facile ; il faut décanter les parties huileuses, approprier à nouveau les fûts et recourir à une main-d'œuvre dispendieuse et compliquée.

Mieux vaut utiliser la farine de moutarde, et opérer sans grands frais et rationnellement. Il ne s'agit pas de projeter simplement dans le vin un bouillon froid de farine de moutarde ; ce procédé naïf et par trop rationnel ne ferait qu'augmenter le mal : le vin conserverait une grande partie de son goût auquel s'ajouterait encore celui, désagréable, de l'essence de moutarde, goût âpre qui ne ferait que dominer.

Pour bien opérer, il faut se représenter que si la moutarde est un désinfectant, qu'elle peut agir par son composé sulfuré, l'essence de moutarde, sulfure d'alyle, elle ne devient réellement curative que par les petites gouttelettes d'huile qui dissolvent et entraînent les mauvais goûts ; partant, il est important d'utiliser la farine de moutarde comme suit : Opérant pour un hectolitre, prenez 50 à 60 grammes de farine de moutarde (aussi fraîche que possible, non rance), traitez-la par un litre environ d'eau bouillante, décantez, après refroidissement, le liquide surnageant, délayez le résidu dans une quantité suffisante de vin, mêlez, agitez deux ou trois jours de suite au moyen d'une laudine, puis procédez à un premier soutirage que vous ferez suivre d'un collage à la caséine ou à la gélatine. Ce mode d'emploi d'une farine traitée à l'eau bouillante est basé sur certaines données scientifiques qu'il importe de mettre à profit.

La farine de moutarde crue ne se comporte pas comme la farine ébouillantée. L'essence de moutarde ne préexiste pas, elle se forme au contact des liquides entre 15 à 35° de température et sous l'influence des diastases; en ébouillantant la farine, on tue les diastases, ces ferments deviennent inertes, le sulfure d'alyle, ou autrement dit l'essence de moutarde, est sacrifié, il ne reste que la partie huileuse à un état de division extrême, apte à donner un mélange intime et un contact accapareur avec les produits mal odorants que l'on est désireux d'éliminer.

Amélioration, clarification, conservation des vins.

Améliorer un produit, c'est vouloir lui donner la plus grande somme de qualités, de perfectibilité. Dans l'espèce, le vin, pour flatter le palais, la vue et tous les sens organoleptiques en général, devra subir, en dehors de son élevage bien soigné, certains traitements, certains soins qui peuvent se résumer en trois points principaux : vinage, clarification, conservation en vase clos. Ce sont ces trois questions que nous allons, très succinctement, élucider.

Quoiqu'en Bourgogne le vinage direct ne se pratique pas, à l'instar du Midi, et que, accidentellement seulement, au moment de l'expédition, on vine un vin par l'addition d'une petite quantité d'alcool ou eau-de-vie de bon goût et d'une colle au blanc d'œuf, nous ne saurions passer sous silence le procédé de vinage dont il est fait mention dans l'ouvrage « Le Vin », de A. de Vergnette, à savoir le vinage par congélation. Il faut remonter loin dans les coutumes de la Bourgogne pour retrouver ce genre d'amélioration, ce mode d'augmenter et la finesse et la force d'un vin, en lui soustrayant une partie aqueuse par la congélation.

Un vin exposé à une basse température se congèle ; la partie alcoolique restant indemne, la partie aqueuse seule forme des petits glaçons en aiguilles et paillettes fines que l'on élimine par soutirage. Le vin gagne en richesse alcoolique et se débarrasse de certains ferments qui restent au fond du fût, en société des tartrates précipitables à cette température basse. Par le fait, le vin perd une partie de son acidité, son bouquet devient plus fin, sa richesse alcoolique augmente.

En Bourgogne, il est reconnu qu'un collage modéré, bien fait, augmente la finesse du vin. qu'il marie mieux les divers éléments bouquetés, tout en lui assurant, par ce mode éliminatoire des impuretés pouvant encore s'y trouver, une conservation plus longue. Autant il est superflu de vouloir coller des vins nouveaux à fermentation inachevée, autant il est indiqué de le faire pour les vins faits. Les Belges, qui tiennent le record pour les soins à donner aux vins, ne se hâtent jamais de coller les vins de France avant un an de séjour sur chantier et de mise en bouteilles.

En Bourgogne on n'emploie, comme clarifiants. que très rarement les substances minérales, telles que l'argile, le sable, le kaolin, le talc, la craie, le marbre, le plâtre si usité dans le Midi; on se contente d'employer (et cela avec beaucoup de restriction même) le noir animal, le charbon ou braise pilée, et, en général, les clarifiants de nature végétale ou animale tels que les fucus, l'albumine, la caséine, la gélatine, la colle de poisson, etc., etc.

Le rôle des clarifiants minéraux n'est que physique; il est physico-chimique dans les autres. En effet, les substances minérales ne jouent qu'un rôle mécanique, en retenant dans leurs interstices, les matières à éliminer; elles jouent le rôle de filtres, tandis que les clarifiants végétaux, ou animaux, opèrent physiquement, en entraînant mécaniquement les impuretés dans le réseau qui tend toujours à gagner le fond, et chimiquement en formant des composés insolubles. C'est ainsi que la gélatine forme avec le tannin un composé insoluble, le tannate de gélatine, sous forme d'un voile, d'un réseau plus dense que le vin, entraînant au fond du fût toutes les impuretés qu'elle rencontre dans sa lente descente. Il en est de même pour le blanc d'œuf, pour l'albumine du sang, pour la caséine qui est en somme un composé analogue, toutes, coagulables par les acides, l'alcool, le tannin. Les acides, l'alcool forment un précipité simple, le tannin forme un composé, le tannate de gélatine d'albumine insoluble également, fonction par excellence, un collage devant toujours se faire au détriment d'une certaine quantité de tannin. Il sera indiqué, pour ne pas affaiblir le vin, de le tanniser un peu avant d'y introduire la colle. Il arrive parfois que *la colle* à la gélatine surtout *ne prend pas*; la raison en est bien simple : il y a insuffisance de tannin.

Le blanc d'œuf est, de tous les clarifiants, le plus recommandable. à condition bien entendu que les œufs soient frais.

Le blanc de six œufs bien battu en neige suffit pour coller une pièce de vin.

Comme il est difficile souvent de se procurer dans nos contrées exclusivement viticoles des œufs frais, on aura recours à un succédané, la caséine. ou albumine du lait que le commerce livre, dans un grand état de pureté, de conservation, sous le nom de lacto-colle.

Le prix de revient de ce produit commercial est sensiblement le même que celui de l'albumine d'œuf; il est même moindre : 25 grammes de lactocolle correspondent à 24 grammes environ d'albumine contenue dans six œufs, d'une valeur moyenne de 0 fr. 45 ; le prix de revient du lactocolle est de 8 francs le kilo port compris, d'où : $25 \times 0,008 = 0$ fr. 20.

Le lactocolle n'est autre chose que de la caséine pure obtenue par précipitation du lait essoré, par des acides faibles dans les grandes laiteries coopératives où l'on n'extrait que la crème et la caséine, abandonnant ainsi un produit fort recherché en Suisse, le sucre de lait. La préparation du clarifiant lactocolle nécessite un petit tour de main; ce produit se met en masse ou en grumeaux si l'on n'a pas soin de le mettre sur l'eau, et par agitation d'en opérer la dissolution, soit dans une bouteille, soit dans un vase où par agitation avec un petit balai on arrivera à une solution rapide. Un des grands avantages que présente le lactocolle, c'est de ne pas craindre, comme dans l'emploi de la gélatine, le surcollage; l'excès de lactocolle, non combiné, se précipite dans la lie, à l'état de dépôt très dense, en couche adhérente aux parois du fût.

Le lactocolle remplace avantageusement la caséine impure, le fromage blanc, dans la préparation du mastic à la chaux; en malaxant du lactocolle avec de l'eau, en consistance molle, et de la chaux délitée en poudre, on peut, à peu de frais et à tout moment, préparer ce mastic hydrofuge si utile pour mastiquer fûts et cuves.

Habituellement les vins délicats sont collés à la gélatine, que le commerce nous livre sous différentes formes et degrés de pureté, de blancheur, en lames longues, minces, semi-transparentes, de couleur légèrement ambrée, sous le nom de gélatine blonde; en carrés, sous le nom de gélatine Lainé, du Soleil, ostéocolle Coignet, etc., etc., en lames extra-minces, translucides, blanches, sans couleur ni odeur, sous le nom de gélatine blanc-manger, ou grénetine.

Les vins rouges ordinaires sont collés avec de la gélatine ordinaire ou avec de l'albumine de sang, connue sous le nom de poudre de Julien. Cette spécialité, en raison de sa composition, albumine de sang, noir d'os, gélatine, convient, seule, aux vins ordinaires, rouges et blancs; par la raison qu'il peut y avoir surcollage et introduction dans le vin d'un goût nauséabond.

Pour coller un hectolitre de vin, il faut environ 10 à 12 grammes de gélatine et autant de tannin préalablement introduit dans le fût, et dissous soit dans un peu d'eau-de-vie ou à même le vin. La gélatine n'étant pas soluble à froid, il sera indiqué de la faire gonfler à froid dans dix fois son poids d'eau, d'en opérer la dissolution sur un feu modéré, sans arriver à l'ébullition, et d'étendre avec quatre ou cinq parties du vin à coller.

Nous omettons, à dessein, de parler des colles liquides que le commerce fournit au gros négoce: ainsi que des albumines d'œufs, sèches, en poudre, très dispensieuses et moins avantageuses que la caséine sèche dite lactocolle.

Le clarifiant, par excellence, pour les vins blancs, est la colle de poisson. Si son emploi n'est pas fréquent, cela tient à son prix de revient très élevé ; le kilo de vraie colle de poisson vaut de 35 à 40 francs, alors que la gélatine la plus pure n'atteint pas le quart de ce prix, tout comme le lactocolle.

La colle de poisson vraie (qu'il ne faut pas confondre avec la colle de poisson artificielle, dite de Mayence) est une substance animale, fournie par la vessie natatoire des esturgeons, *accipenser Huso, accipenser Sturio,* abondant dans les mers du Nord. Elle nous arrive de Russie, sous trois formes : en plaques, en lyres, ou en cordons, et se présente, avec des reflets nacrés, sous forme d'une membrane semi-transparente très résistante. La préparation de la colle liquide demande du temps et des soins. Nous avons eu occasion à maintes reprises de préparer une excellente colle, sans passer par toutes les opérations décrites dans les traités pratiques, en opérant, comme suit : déchirer, effilocher en quelque sorte, la colle de poisson dans le sens de la longueur, en menus fragments (la vraie colle de poisson ne se brise pas dans le sens de la largeur, elle ne peut être cisaillée ; c'est, du reste, son caractère distinctif).

Il faut par hecto 4 grammes et par feuillette environ 5 grammes. Cette quantité, déchiquetée en filaments menus, est mise dans un vase en verre ou en terre et recouverte d'eau froide en quantité suffisante pour baigner ; on y ajoute un fragment d'acide tartrique. Au bout de 24 heures, la matière animale, bien gonflée, est additionnée d'un verre d'eau, bien fouettée avec une fourchette de manière à obtenir une gelée homogène que l'on délaie finalement avec un peu de vin ; le tout est versé et bien mêlé ensuite au vin.

Le vin blanc soutiré acquiert un aspect brillant qu'aucune autre colle, de quelque nature qu'elle soit, ne saurait lui donner.

Nous clorons ce chapitre relatif à la clarification, en disant que le chauffage, la Pasteurisation, locution moderne, est un procédé de clarification, fin de siècle peut-être, mais à coup sûr peu pratique, peu sûr, bien dispendieux surtout, sans compter tous les déboires qui peuvent survenir si le vin n'a pas été suffisamment chauffé et que, dans ce cas, les ferments n'ont pas été tués, ou si la température de 60 à 65° n'a pas été dépassée et par ce fait a enlevé au vin une bonne partie de ses qualités, de son bouquet.

Comme couronnement final, reste la conservation des vins, par la mise en vases clos.

Autant que possible, il faut mettre le vin en bouteilles par un temps serein, sec, sans violentes perturbations atmosphériques, avoir soin de bien faire rincer les bouteilles, de les laisser égoutter, de les porter en cave quelque temps avant le tirage, afin qu'elles aient le temps de se mettre à l'unisson de la température du lieu ; procéder aussitôt au bouchage, au moyen de bouchons de liège stérilisés ou au moins ébouillantés à deux reprises, séchés modérément pour leur assurer la malléabilité, la compressibilité exigée soit par le bouchage à la main ou à la mécanique.

Couper à ras le bouchon, tremper le goulot dans de la cire fondue à feu doux, ou dans de la paraffine en couche bien mince, sauf si l'on veut parachever l'œuvre, recouvrir par un élégant capsulage en étain.

TABLE

CHAPITRE I

CHAPITRE II

CHAPITRE III

CHAPITRE IV

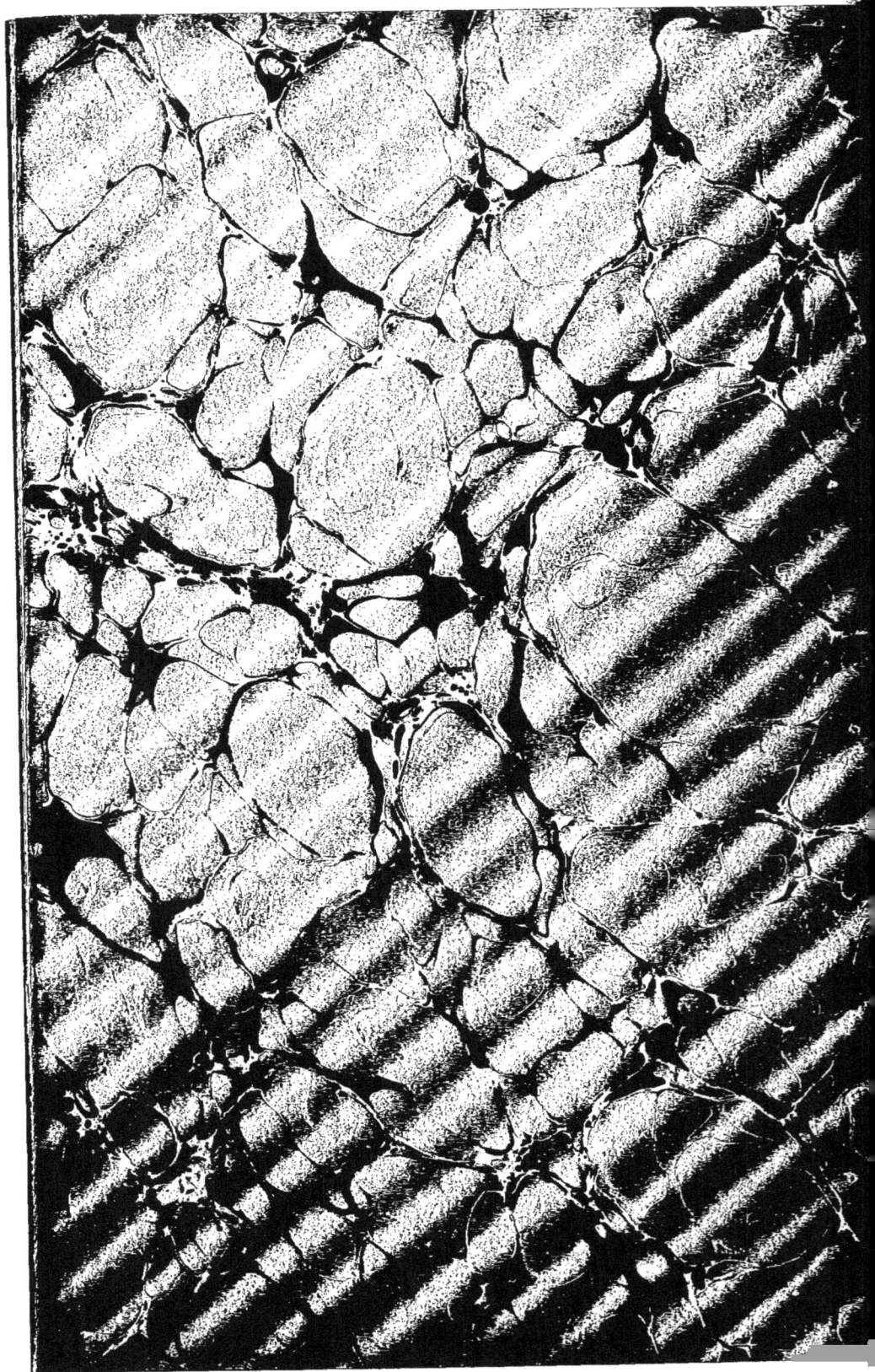

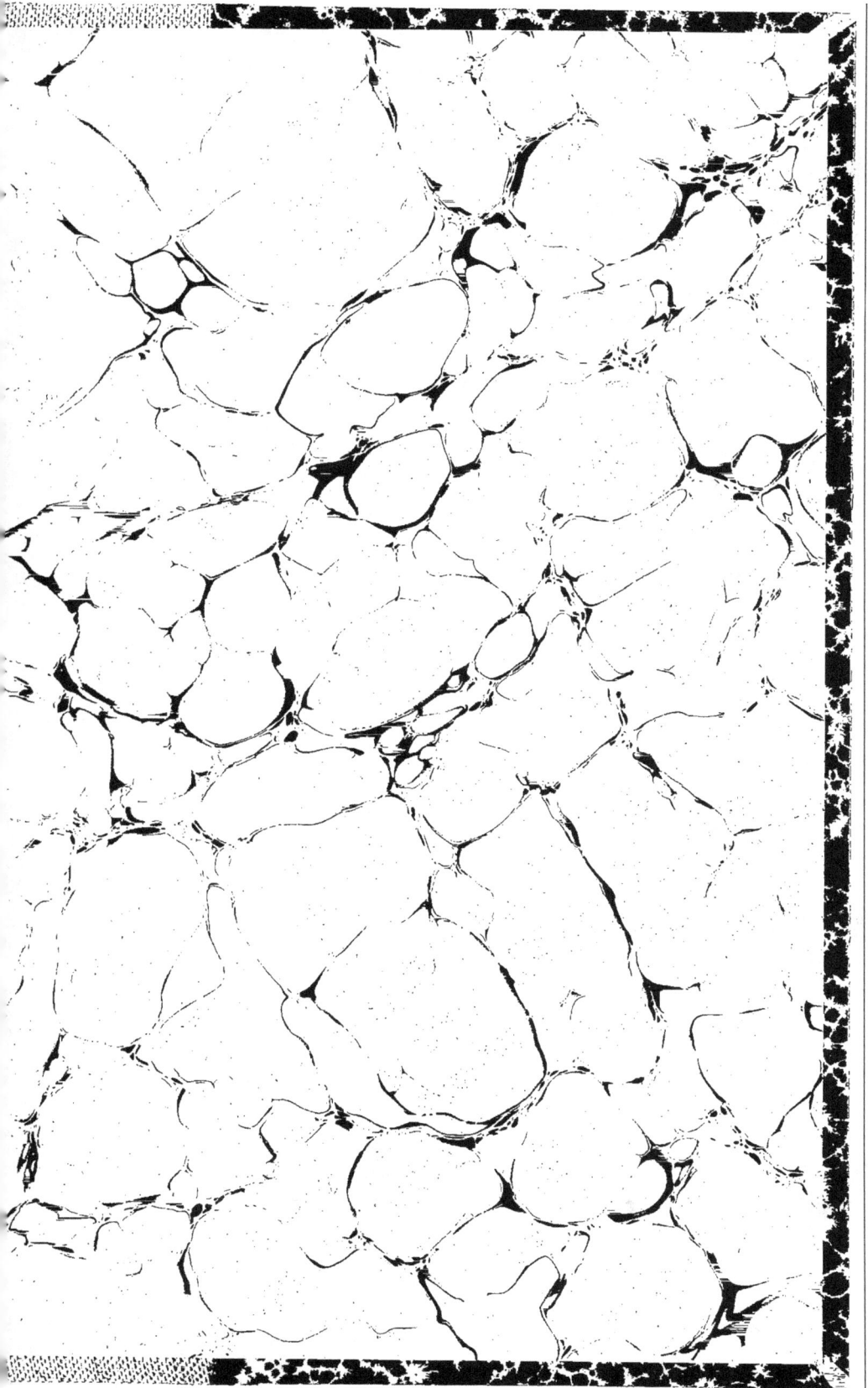

www.ingramcontent.com/pod-product-compliance
Lightning Source LLC
Chambersburg PA
CBHW062026200326

41519CB00017B/4937